ISW Forschung und Praxis

Berichte aus dem Institut für Steuerungstechnik
der Werkzeugmaschinen und Fertigungseinrichtungen
der Universität Stuttgart

Herausgeber: Prof. Dr.-Ing. G. Pritschow

Band 91

Manfred Bauder

Konfigurierbare Robotersteuerung mit allgemeiner Transformation

Springer-Verlag Berlin Heidelberg GmbH 1992

D 93

Mit 31 Abbildungen

ISBN 978-3-540-55433-2 ISBN 978-3-662-08149-5 (eBook)
DOI 10.1007/978-3-662-08149-5

Dieses Werk ist urheberrechtlich geschützt. Die dadurch begründeten Rechte, insbesondere die der Übersetzung, des Nachdrucks, des Vortrags, der Entnahme von Abbildungen und Tabellen, der Funksendung, der Mikroverfilmung oder der Vervielfältigung auf anderen Wegen und der Speicherung in Datenverarbeitungsanlagen, bleiben, auch bei nur auszugsweiser Verwertung, vorbehalten. Eine Vervielfältigung dieses Werkes oder von Teilen dieses Werkes ist auch im Einzelfall nur in den Grenzen der gesetzlichen Bestimmungen des Urheberrechtsgesetzes der Bundesrepublik Deutschland vom 9. September 1965 in der jeweils geltenden Fassung zulässig. Sie ist grundsätzlich vergütungspflichtig. Zuwiederhandlungen unterliegen den Strafbestimmungen des Urheberrechtsgesetzes.

© Springer-Verlag Berlin Heidelberg 1992
Ursprünglich erschienen bei Springer-Verlag Berlin Heidelberg New York 1992

Die Wiedergabe von Gebrauchsnamen, Handelsnamen, Warenbezeichnungen usw. in diesem Werk berechtigt auch ohne besondere Kennzeichnung nicht zu der Annahme, daß solche Namen im Sinne der Warenzeichen- und Markenschutz-Gesetzgebung als frei zu betrachten wären und daher von jedermann benutzt werden dürfen.

Sollte in diesem Werk direkt oder indirekt auf Gesetze, Vorschriften oder Richtlinien (z. B. DIN, VDI, VDE) Bezug genommen oder aus ihnen zitiert worden sein, so kann der Verlag keine Gewähr für Richtigkeit, Vollständigkeit oder Aktualität übernehmen. Es empfiehlt sich, gegebenenfalls für die eigenen Arbeiten die vollständigen Vorschriften oder Richtlinien in der jeweils gültigen Fassung hinzuzuziehen.

Gesamtherstellung: Druckerei Kuhnle, Esslingen
62/3020-543210

Geleitwort des Herausgebers

In der Reihe „ ISW Forschung und Praxis" wird fortlaufend über Forschungsergebnisse des Instituts für Steuerungstechnik der Werkzeugmaschinen und Fertigungseinrichtungen der Universität Stuttgart (ISW) berichtet, das sich in vielfältiger Form mit der Weiterentwicklung des Systems Werkzeugmaschine und anderer Fertigungseinrichtungen beschäftigt. Die Arbeiten dieses Instituts konzentrieren sich im besonderen auf die Bereiche Numerische Steuerungen, Prozeßrechnereinsatz in der Fertigung, Industrierobotertechnik sowie Meß-, Regel- und Antriebssysteme, also auf die aktuellsten Bereiche der Fertigungstechnik. Dabei stehen Grundlagenforschung und anwenderorientierte Entwicklung in einem stetigen Austausch, wodurch ein ständiger Technologietransfer zur Praxis sichergestellt wird.

Die Buchreihe erscheint in zwangloser Folge und stützt sich auf Berichte über abgeschlossene Forschungsarbeiten und Dissertationen. Sie soll dem Ingenieur bei der Weiterbildung dienen und ihm Hilfestellungen zur Lösung spezifischer Probleme geben. Für den Studierenden bietet sie eine Möglichkeit zur Wissensvertiefung. Sie bleibt damit unter erweitertem Namen und neuer Herausgeberschaft unverändert in der bewährten Konzeption, die ihr der Gründer des ISW, der leider allzu früh verstorbene Prof. Dr.-Ing. G. Stute, im Jahre 1972 gegeben hat.

Der Herausgeber dankt der Druckerei für die drucktechnische Betreuung und dem Springer-Verlag für Aufnahme der Reihe in sein Lieferprogramm.

G. Pritschow

Vorwort

Die vorliegende Arbeit entstand während meiner Tätigkeit als wissenschaftlicher Mitarbeiter am Institut für Steuerungstechnik der Werkzeugmaschinen und Fertigungseinrichtungen (ISW) der Universität Stuttgart.

Bei Herrn Prof. Dr.-Ing. G. Pritschow, dem Direktor des Instituts, möchte ich mich für die Unterstützung und Förderung beim Entstehen dieser Arbeit sowie für die Übernahme des Hauptberichtes bedanken. Herrn Prof. Dr.-Ing. A. Storr danke ich für die sorgfältige Durchsicht und seine wertvollen Hinweise und Vorschläge.

Mein Dank gilt auch Herrn Prof. Dr.-Ing. W. Schiehlen für die Erstellung des Mitberichtes.

Bei den Mitarbeiterinnen, Mitarbeitern und Studenten des ISW möchte ich mich ganz herzlich für die gute Zusammenarbeit, für die Vielzahl von Diskussionen und für die redaktionelle Unterstützung bedanken. Dieser Dank gilt ganz besonders Ronald Angerbauer, Oliver Frager, Andrea Schneider, Eugen Wieland und Ute Wieland.

                                          Dipl.-Inform. M. Bauder

Inhaltsverzeichnis

		Seite
	Formelzeichen und Abkürzungen	9
1	Einleitung	12
2	Anforderungen an eine flexible Robotersteuerung	14
2.1	Stand der Technik	15
2.2	Allgemeine Anforderungen an Robotersteuerungen	19
2.3	Spezielle Anforderungen zur Steuerung modularer Roboter	23
2.4.	Anforderungen beim Entwurf und der Auslegung eines Roboters aus modularen Komponenten	24
2.5	Zielsetzung der Arbeit	25
3	Anpassbarkeit der Steuerung an die Aufgabenstellung	26
3.1	Konfigurierbarkeit der Hardware	26
3.2	Spektrum der Hardwarevarianten	27
3.3	Steuerungssoftware	30
3.3.1	Verwendung eines Echtzeitbetriebssystems	32
3.3.2	Funktionelle Strukturierung der Steuerungssoftware	34
3.3.3	Abbildung der funktionellen Bestandteile der Steuerungssoftware auf Prozesse (Tasks)	38
3.4	Leistungssteigerung der Steuerung durch Verlagerung von Tasks auf zusätzliche Prozessorkarten	41
4	Untersuchung von Verfahren zur Rückwärtstransformation	42
4.1	Einführung in die Problematik	43
4.2	Verfahren zur Rückwärtstransformation bei Industrierobotern	48
4.2.1	Explizite Verfahren	49

4.2.1.1	Klassifizierung der geschlossen lösbaren Roboterkinematiken	49
4.2.1.2	Verfahren zur Herleitung der Gleichungen	51
4.2.2	Iterative Verfahren	53
4.2.2.1	Das Newton-Raphson-Verfahren	54
4.2.2.2	Iterative Verfahren bei redundanten kinematischen Systemen	58
4.2.3	Hybride Verfahren	60
4.2.3.1	Discrete Linkage Method	61
4.2.3.2	Lösung durch ähnliche Kinematik	62
4.2.3.3	Methode des charakteristischen Gelenkpaars	63
4.3	Vergleich und Bewertung der Verfahren zur Rückwärtstransformation	69
5	**Parametrierbares Kinematikmodul für eine Steuerung für modulare Roboter**	71
5.1	Übersicht	71
5.2	Robotermodellierung mit RDL	73
5.2.1	Kinematikbeschreibung mit RDL	74
5.2.2	Generierung des steuerungsinternen kinematischen Modells	78
5.3	Analyse der Kinematik	80
5.3.1	Initialisierungsphase	81
5.3.2	Bildung höherwertiger Gelenke	83
5.3.3	Bestimmung des charakteristischen Gelenkpaars	87
5.3.4	Berechnung von Invarianten	89
5.4	Vorwärtstransformation	91
5.5	Rückwärtstransformation	94
5.6	Ergebnisse	102
6	**Realisierung am Beispiel eines Doppelarmroboters**	105
7	**Zusammenfassung**	112
	Schrifttum	114

Formelzeichen und Abkürzungen

Formelzeichen, die nur an einer Stelle auftreten und dort erklärt werden, wurden nicht in das Verzeichnis aufgenommen.

A	Transformationsmatrix nach Denavit und Hartenberg
A	Orientierungswinkel nach VDI 2863
$\underline{a}$	Einheitsvektor des Effektorkoordinatensystems
a_{ij}	Elemente der Matrix A
D	Drehmatrix
F	Koordinatensystem
$\underline{f}_{RT}$	Funktionsvektor der Rückwärtstransformation
$\underline{f}_{VT}$	Funktionsvektor der Vorwärtstransformation
f	Freiheitsgrad eines Gelenks
g	Gesamtfreiheitsgrad, Bindungsfunktionen
G	Gelenkkoordinatensystem
J	Jacobi-Matrix
J^+	Pseudoinverse der Jacobi-Matrix
J_w	Matrix zur Transformation von Winkelgeschwindigkeiten
K_v	Geschwindigkeitsverstärkung
$\underline{n}$	Normalenvektor, Einheitsvektor des Effektorkoordinatensystems
O	Orientierungswinkel nach VDI 2863
$\underline{o}$	Einheitsvektor des Effektorkoordinatensystems
$\underline{p}$	Ortsvektor zum Ursprung eines Koordinatensystems
q	Gelenkvariable
$\underline{q}$	Gelenkkoordinaten
$\underline{\dot{q}}$	Vektor der Gelenkgeschwindigkeiten
R, $\bar{R}$	Hilfsmatrizen
$\underline{r}$	Raumkoordinaten, verallgemeinerte Koordinaten
$\underline{r}_b$, $\underline{r}_a$	Ortsvektor zu einem Gelenkpunkt
$\underline{r}_{b,a}$	Vektor zwischen zwei Gelenkpunkten
T_6	Trajektorienmatrix
T	Transformationsmatrix
T	Orientierungswinkel nach VDI 2863

T_B^W Transformation vom Bezugskoordinatensystem in
 das Werkstückkoordinatensystem
T_W^B Transformation vom Werkstückkoordinatensystem
 in das Bezugskoordinatensystem
$\underline{t}$ Translationsvektor
$\underline{u}$ Achsrichtungsvektor
Z Gelenkkoordinatensystem
ε Schranke

Mehrfach verwendete Indizes

a, a' Indizes für das erste Gelenk des charakteristischen
 Paars
b, b' Indizes für das zweite Gelenk des charakteristischen
 Paars
B Bezugskoordinatensystem
W Werkstückkoordinatensystem
i, j, n allgemeine Indizes
L Link
J Joint
x, y, z x-, y-, z-Komponenten eines Vektors
H Homogen
I, II, Typen von Bindungsgleichungen
III, IV,
V

Abkürzungen

BAPS Bewegungs- und Ablaufprogrammiersprache, Roboterprogrammiersprache der Firma Bosch
C Dreh-Schub-Gelenk (cylindrical)
CIM Computer-Integrated Manufacturing
E Ebenes Gelenk
E_R Reduziertes ebenes Gelenk
FEM Finite-Elemente-Methode
FIFO First-In-First-Out-Speicher
HBG Handbediengerät

IRDATA	Industrial Robot Data, genormte Schnittstelle zwischen Programmiersystem und Robotersteuerung
MAP	Manufacturing Automation Protocol
P	Schubgelenk (prismatic)
PC	Personal Computer
R	Drehgelenk (rotatory)
RDL	Sprache zur Modellierung von Robotern (Robot Description Language)
S	Kugelgelenk (spherical)
sgq-lösbar	sukzessive geschlossen quadratisch lösbar
SVD	Singulärwertzerlegung (Singular Value Decomposition)
T	Kardangelenk
TCP/IP	Transmission Control Protocol/Internet Protocol

1 Einleitung

Industrieroboter werden bereits seit mehr als zwei Jahrzehnten vor allem zum Punkt- und Bahnschweißen, für einfache Montageaufgaben und zur Handhabung von Werkstücken eingesetzt /1/. Obwohl der Industrieroboter als universell einsetzbarer Bewegungsautomat konzipiert ist, kann ein Robotertyp in der Praxis meist nur für wenige Aufgaben verwendet werden. Aus der Sicht des Anwenders ist dies in der mangelnden Flexibilität, d.h. Anpassungsfähigkeit an unterschiedliche Fertigungsaufgaben, des mechanischen Aufbaus und der Antriebs- und Steuerungstechnik begründet /2, 3/. Die mangelnde Flexibilität von Roboter und Steuerung ist auch mit ein Grund dafür, daß anspruchsvollen Einsatzfeldern für Industrieroboter, wie z.B. Entgraten, Schleifen oder Fügen, bisher nur geringer wirtschaftlicher Erfolg beschieden war.

Um dem Anwender die Möglichkeit zu geben, das für den jeweiligen Einsatzfall optimal geeignete Gerät zu bekommen, wurde ein Baukastensystem für Roboter entwickelt /4/. Ziel ist dabei eine Erhöhung der Flexibilität im mechanischen Aufbau, die auch eine Wiederverwendung der modularen Komponenten eines nicht mehr benötigten Roboters für gänzlich andere Fertigungsaufgaben einschließt. Das Baukastensystem ermöglicht den Aufbau einfacher Geräte mit geringer Achszahl, von Geräten mit verteilten Achsen, aber auch von redundanten Geräten mit einer großen Zahl von Achsen. Da ein Roboter, aufgebaut aus modularen Komponenten des Baukastens, meist nur in geringer Stückzahl, wenn nicht sogar als Einzelexemplar gebaut wird, stellt sich die Frage nach einer Bahnsteuerung, die - auch unter Kostengesichtspunkten - für das Baukastensystem geeignet ist. Diese Steuerung muß, um für die Vielzahl möglicher Varianten geeignet zu sein, über ein vom Anwender parametrierbares Kinematikmodul verfügen und für die spezielle Kinematik eine Koordinatentransformation bereitstellen. Ferner muß sie ein breites Leistungsspektrum von einfachen Handhabungsaufgaben bis zu sensorgestützten Bearbeitungsaufgaben abdecken.

Ziel dieser Arbeit ist der Entwurf und der Aufbau einer Robotersteuerung, deren Hardware und Software entsprechend der benötigten Leistungsfähigkeit, die durch die Zahl der Achsen, die geforderte Genauigkeit in Abhängigkeit von der Bahngeschwindigkeit und nicht zuletzt durch die Anwendung bestimmt ist, konfiguriert werden kann, und die mittels Parametrierung an Kinematik und Prozeß angepaßt werden kann.

2 Anforderungen an eine flexible Robotersteuerung

Das Anforderungsprofil einer Robotersteuerung wird im wesentlichen von Einflußfaktoren aus den Bereichen

- Bedienung (Mensch-Maschine-Schnittstelle),
- Integration in ein Gesamtsystem (CIM),
- technischer Prozeß,

geprägt (Bild 2.1). Diese Einflußfaktoren sind nicht isoliert zu sehen, sondern in ihrer gegenseitigen Abhängigkeit. Die Technologie beeinflußt z.B. nicht nur, wie dargestellt, die Steuerungstechnik direkt, sondern hat auch Rückwirkungen auf Programmierung, Bedienung, Überwachung, Sensorik, Kinematik, Meßsysteme und Antriebe, die dann ihrerseits wieder auf die Steuerungstechnik wirken. Dieser Aspekt sollte trotz der notwendigen Abstraktion nicht übersehen werden.

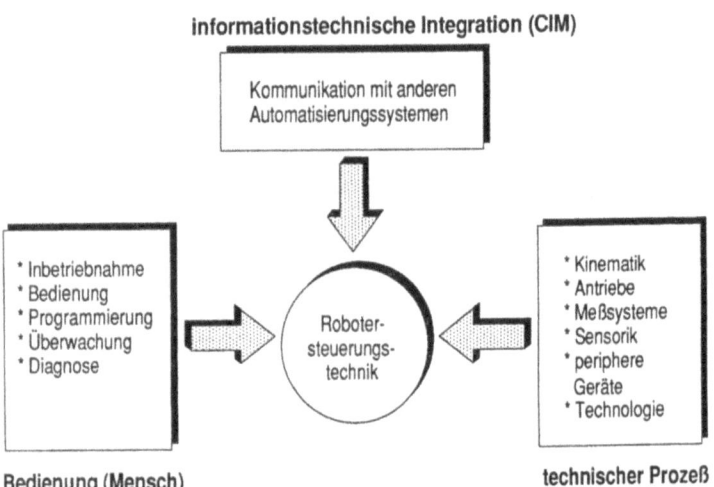

Bild 2.1: Einflußfaktoren auf die Robotersteuerungstechnik

Mit einer flexiblen Robotersteuerung muß auf Änderungen eines oder mehrerer Einflußfaktoren rasch reagiert werden können. Marktgängige Steuerungen erlauben dies nur in sehr beschränktem Umfang. So kann beispielsweise die Zahl der Achsen mittels eines Maschinenparameters angepaßt werden, die Änderung der Kinematik kann jedoch erst nach Erstellung eines neuen Transformationsprogramms und dessen Implementierung berücksichtigt werden. Daraus folgt, daß der Faktor Zeit bei der Beurteilung der Flexibilität eine wesentliche Rolle spielt.

2.1 Stand der Technik

Marktgängige Bahnsteuerungen für Industrieroboter sind fast ausschließlich als Mehrprozessorsysteme mit herstellerspezifischer Hardware realisiert. Die Steuerungssoftware ist direkt auf die Hardware implementiert und, bedingt durch die Kopplung der Prozessoren und die Verwendung von Timerinterrupts zur Erzielung der Echtzeiteigenschaften, äußerst komplex.

Diese Lösung ist besonders bei großen Stückzahlen kostengünstig, erweist sich aber als Hemmnis für weitere Entwicklungen. Der hardwarenahe Softwareaufbau hat zur Folge, daß Hardwareerweiterungen, z.B. zur Erhöhung der Leistungsfähigkeit, sofort auch kostenintensive Softwareänderungen nach sich ziehen. Portierungen der Steuerungssoftware auf neue Prozessoren mit vielfacher Leistungsfähigkeit sind zumeist mit der Erstellung komplett neuer Steuerungssoftware verbunden. Erweiterungen der Software, um zusätzliche Funktionen zu implementieren, sind wiederum wegen der engen Verbindung mit der Hardware nur vom Steuerungshersteller und nur unter hohen Kosten möglich.

Für den Anwender stellen sich derzeitige käufliche Robotersteuerungen als sehr unflexibel und zudem geschlossene Systeme dar. Sie lassen sich folgendermaßen charakterisieren:

- Es gibt nur geringe Möglichkeiten zur Integration anwendungsspezifischer Funktionen.
- Es gibt nur beschränkte Kommunikationsmöglichkeiten mit anderen Steuerungen.
- Der Anwender hat keine Möglichkeiten mit zusätzlicher Hardware die Leistungsfähigkeit des Systems zu steigern.
- Die Zahl der zu steuernden Achsen ist beschränkt. Eine gebräuchliche Obergrenze sind 8 Achsen.
- Üblicherweise Steuerung nur einer kinematischen Kette.
- Die Bedienoberfläche des Steuerungsherstellers kann anders als bei numerischen Steuerungen vom Maschinenhersteller nicht verändert werden.
- Die Anpassung der Steuerung an eine neue Roboterkinematik kann nur vom Steuerungshersteller vorgenommen werden.
- Die Konfigurierbarkeit und Parametrierbarkeit beschränkt sich auf:
  - Zahl der Achsen,
  - Anzahl binärer Ein- und Ausgänge,
  - Anpassung an die verwendeten Meßsysteme,
  - Reglereinstellung,
  - Softwareendschalter,
  - Achslängen,
  - Größe und Aufteilung des Anwenderspeichers.

Nachfolgend sollen anhand einiger Beispiele die eingeschränkten Möglichkeiten derzeitiger Robotersteuerungen dargestellt werden. Symptomatisch ist dabei der Einsatz zusätzlicher Rechner (PC, Leitrechner), um die Mängel der Robotersteuerungen auszugleichen.

Beispiel 1:
Da die Algorithmen zur sensorgeführten Bahnregelung in der Robotersteuerung nicht implementiert werden können, wird die Robotersteuerung über eine spezielle Koppelkarte mit einem sogenannten Sensor-PC verbunden. Dadurch wird der Einsatz von Abstandssensoren, Kraft-Momenten-Sensoren und anderen Sensoren ermöglicht und dem Anwender eine offene Schnittstelle geboten, um eigene Funktionen zu integrieren /5/.

Beispiel 2:
Zur Steuerung zweier kooperierender Roboter mit je sechs Achsen werden zwei getrennte Steuerungen und ein Leitrechner verwendet. Auf dem Leitrechner werden offline Bewegungsprogramme mit vielen kurzen Linearsätzen für die beiden Roboter generiert und an die beiden Steuerungen übertragen. Die Synchronisation der Verfahrsätze zwischen den Steuerungen erfolgt über binäre Ein- und Ausgänge /6/. Mit marktgängigen Steuerungen ist die geschilderte Lösung unumgänglich, da die Leistungsfähigkeit einer Steuerung nicht ausreicht, die Algorithmen zur koordinierten Bewegungserzeugung nicht integriert werden können und der Datenaustausch zwischen zwei Steuerungen mit der benötigten Taktrate bei den verfügbaren Schnittstellen nicht möglich ist.

Beispiel 3:
Zur Ankopplung einer Robotersteuerung an ein Fabriknetz basierend auf MAP wird ein PC verwendet, der die hardwaremäßige Verbindung herstellt und auf dem die Protokollsoftware abläuft. Die Robotersteuerung wird seriell (V.24) an den PC angekoppelt /7/.

In marktgängigen Bahnsteuerungen für Roboter erfolgt die Umsetzung eines Bewegungsprogramms in Bewegungen der Roboterkinematik nach dem in Bild 2.2 dargestellten Ablauf. Häufig wird durch eine Feininterpolation der Maschinenkoordinaten der Lageregeltakt gegenüber dem Interpolationstakt (kartesischer Takt) erhöht, um die Qualität der Regelung zu verbessern. Diese Vorgehensweise ist in der hohen Rechenzeit für die Rückwärtstransformation begründet und ist zum Abfahren von programmierten deterministischen Bahnen von Vorteil. Sollen jedoch sensorgeführte Korrekturen der programmierten Bahn vorgenommen werden, so wirkt eine hohe kartesische Taktzeit als Totzeit im Sensorregelkreis und sorgt dafür, daß keine wirtschaftlichen Verfahrgeschwindigkeiten möglich sind. Die Qualität einer Bahnsteuerung für Roboter muß also eher am Interpolationstakt als am Lageregeltakt gemessen werden. Da die Interpolationstaktzeit zum größten Teil von

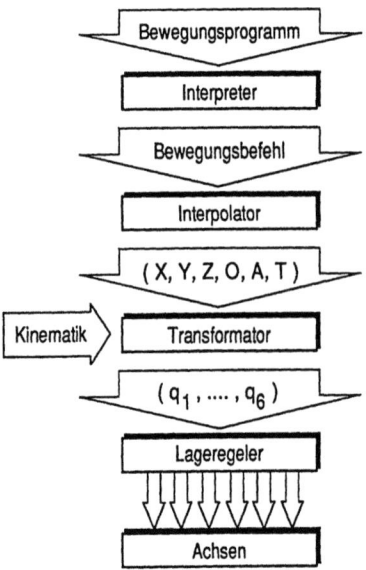

Bild 2.2: Bewegungserzeugung in einer Robotersteuerung

der Rechenzeit für die Rückwärtstransformation bestimmt wird, ergeben sich hohe zeitliche Anforderungen an diesen Teil der Steuerungssoftware. Deswegen werden in marktgängigen Robotersteuerungen nahezu ausschließlich analytische Lösungen für die Rückwärtstransformation verwendet. Dies bedeutet aber, daß für jede Roboterkinematik ein Algorithmus aufgestellt, programmiert und getestet werden muß.

Neuere Arbeiten auf dem Gebiet der Robotersteuerungstechnik beschäftigen sich hauptsächlich mit einer Verbesserung der Bahngenauigkeit bei höheren Geschwindigkeiten /8, 9/. Dazu wurden zugeschnittene Hardwarelösungen und eine Steuerungssoftware für einen Robotertyp entwickelt. Erst in jüngster Zeit werden auch von namhaften Steuerungsherstellern neue Konzepte mit modularer Hardware und Verwendung von Betriebssystemen verfolgt /10/.

2.2 Allgemeine Anforderungen an Robotersteuerungen

In den Tabellen 2.1 bis 2.3 werden die steuerungstechnischen Funktionen und Nebenbedingungen, die sich als Abbild der Einflußfaktoren entsprechend Bild 2.1 ergeben, aufgeführt. Diese Auflistung soll keinen detaillierten und vollständigen Funktionskatalog für eine Robotersteuerung darstellen, sondern die Grundlage für eine funktionale Strukturierung der Steuerungssoftware bilden. Für Funktionskataloge, die den derzeitigen Stand der Technik ausführlich widerspiegeln, sei auf die Handbücher diverser Steuerungshersteller verwiesen /11, 12, 13, 14/. Im folgenden werden die Anforderungen, die über den Stand der Technik hinausgehen, dargestellt /15, 16/.

- Kommunikationsfähigkeit
  Dazu gehört nicht nur die Einbindung in ein übergeordnetes Werkstattsteuerungs- und Leitsystem, sondern auch die Kommunikationsmöglichkeiten mit untergeordneten Systemen wie Sensoren oder intelligenten Antrieben.

- Komfortable Bedienungsschnittstelle
  Es besteht die Forderung nach leistungsfähigen, fensterorientierten Bedienoberflächen, die auch aus Anwenderprogrammen heraus angesprochen werden können. Daneben ist eine Möglichkeit zur grafischen Ausgabe vorzusehen, um den Test von Anwenderprogrammen ohne Bewegung des realen Geräts mit einer grafischen Simulation der Bewegungen in der Zelle unterstützen zu können. Eine grafische Ausgabe wird auch benötigt, um das Geschehen in der Zelle online visualisieren zu können.

- Inbetriebnahmehilfen
  Zur Inbetriebnahme eines neuen Roboters werden in der Steuerung Hilfsmittel verlangt, die beispielsweise die Reglerparameter für die Antriebe automatisch bestimmen.

- Inbetriebnahme
  - Konfigurierung der Hard- und Software der Steuerung
  - Einstellung von Schnittstellenparametern
  - Anpassung an den Roboter (Kinematik, Antriebe, Meßsysteme)
- Bedienung
  a) Bedienterminal
  - volle Bedienfähigkeit auch während der Ausführung eines Bewegungsprogramms
  - Erstellung, Korrektur, Übersetzung und Test von Bewegungsprogrammen
  - Dateiverwaltungsfunktionen
  - Ändern von Maschinenparametern
  - Start von Bewegungsprogrammen

  b) Handbediengerät
  - Verfahren in einzelnen Achsen bzw. Koordinaten
  - Anzeige von Achs- bzw. Koordinatenwerten
  - Definition von Teach-Punkten
  - Start von Bewegungsprogrammen
- Programmierung und/oder Bahnplanung
  - Verknüpfung von Programmen mit Teach-Punkten
  - Höhere Programmiersprache
  - Generierung von Bewegungsbahnen bei impliziter Programmierung
- Überwachung
  - Verriegelungen gegen Fehlbedienungen
  - In der Betriebsart "Hand" nur reduzierte Verfahrgeschwindigkeiten
  - Überwachung von Schleppabständen, Endschalter, Arbeitsraumgrenzen, Geschwindigkeits- und Beschleunigungsgrenzwerten
  - Abgestufte Reaktionen
- Diagnose
  - Fehlermeldungen
  - Anzeigemöglichkeit des Steuerungsstatus
  - Lokalisierung von Fehlern

Tabelle 2.1: Anforderungen von der Mensch-Maschine-Schnittstelle

- Bewegungserzeugung für den Roboter
  • Ausführung eines Bewegungsprogramms
  • Verschiedene Interpolationsarten
  • Koordinatentransformation
  • Überschleifen an Ecken
  • Exaktes Anfahren eines Punktes
  • Gesteuertes Anfahren und Abbremsen
  • Einlesen von Istwerten und Ausgabe von Sollwerten
  • Regelung auf Achsebene
  • Verschiedene Regelalgorithmen

- Ansteuerung peripherer Geräte
  • Lesen und Setzen binärer Ein- und Ausgänge
  • Ausführung eines SPS-Programms gleichzeitig mit einem Bewegungsprogramm

- Sensor- und Technologiedatenverarbeitung
  • Verknüpfung von internen Größen der Steuerung mit Ein- und Ausgängen
  • Interruptfunktion für Sensoreingänge
  • Bahnschaltfunktion
  • Regelung von Prozeßparametern
  • Korrektur von Bahn und Geschwindigkeit
  • Erzeugung von Bewegungsprogrammen
  • Pendelfunktion

Tabelle 2.2: Anforderungen vom technischen Prozeß

• Kopplungsmöglichkeit für Leitrechner, externe SPS, Sensorsysteme, intelligente Antriebe
• Kommunikationsprotokolle

Tabelle 2.3: Anforderungen von der informationstechnischen Einbindung

• Steuerung mehrerer kinematischer Ketten
Zunehmend werden auch komplexe Produktionsaufgaben mit Robotern flexibel automatisiert. Die Aufgabenstellung erfordert dabei teilweise mehrere Roboter, die in überlappenden Arbeitsräumen unabhängig, synchronisiert oder koordiniert agieren. Es stellen sich die Probleme der Kollisionsvermeidung und der Erzeugung koordinierter Bewegungen.

- Steuerung redundanter kinematischer Ketten
  Redundante Roboter verfügen über mehr Gelenkfreiheitsgrade als für die Aufgabenstellung räumliche Freiheitsgrade erforderlich sind. Mittels der redundanten Gelenkanordnung können Hindernisse umfahren, die Gelenkverfahrbereiche eingehalten und singuläre Stellungen vermieden werden. Zusammengefaßt bedeutet dies eine Erweiterung des Arbeitsraums und eine Erhöhung der Manövrierfähigkeit. Redundante Kinematiken stellen besonders hohe Anforderungen an die Leistungsfähigkeit der Bewegungserzeugung in der Steuerung.

- Steuerung zusätzlicher Achsen
  Darunter sind zum einen Positionierachsen, z.B. zum Werkstücktransport, zu verstehen, zum anderen aber auch zusätzliche Achsen an der Kinematik des Roboters, z.B. eine Fokusierachse beim Laserschneiden oder -schweißen.

- Direktantriebe
  Zur Regelung von Direktantrieben in Robotern ist eine hohe Rechnerleistung erforderlich, um die Dynamik ausnützen zu können.

- Technologieorientierte Funktionen und Sensorfunktionen
  Da diese Funktionen meist stark anwendungsbezogen bzw. gerätespezifisch sind, ergibt sich die Forderung, daß vom Anwender oder vom Systemlieferanten eigene Funktionsmodule in die Steuerungssoftware eingefügt werden können. Daraus resultiert die Forderung nach offengelegten, definierten Schnittstellen.

- Hohe Genauigkeit bei hohen Geschwindigkeiten
  Dies ist eine Forderung, die sich aus wirtschaftlichen Erwägungen stellt und die speziell auf die Funktionsteile Bewegungserzeugung und Regelung innerhalb der Robotersteuerung zielt.

- Breites Leistungsspektrum
  Dieselbe Steuerungssoftware sollte auf unterschiedlichen Hardwarekonfigurationen ablauffähig sein, um die gesamte Leistungspalette von Einfach- bis zu Hochleistungssteuerungen abdecken zu können. Beim Übergang von einer billigen und wenig leistungsfähigen Hardware zu einer sehr leistungsfähigen Hardware reduzieren sich die Taktzeiten in der Steuerung, und für denselben Roboter ergibt sich ein verbessertes Bahnverhalten.

2.3 Spezielle Anforderungen zur Steuerung modularer Roboter

Die modulare Gerätetechnik stellt Anforderungen an die Steuerungstechnik, die über die allgemeinen Anforderungen an Robotersteuerungen hinausgehen /4/. Die Modulbauweise ermöglicht:

- den einfachen Austausch eines Moduls bei Wartungs- und Reparaturarbeiten,
- den Aufbau einer Vielzahl unterschiedlicher kinematischer Ketten,
- eine rasche Änderung einer kinematischen Kette durch Austausch von Gelenkmodulen oder Verbindungselementen,
- den Aufbau verteilter Kinematiken und damit die gerätespezifische Aufteilung von Bewegungen,
- den Aufbau kinematisch redundanter Systeme,
- die Erhöhung der Genauigkeit einzelner ausgewählter Module durch ein zusätzliches Meßsystem /4/.

Als Anforderungen an die Steuerungstechnik ergeben sich:

- Anpassung modulexemplarspezifischer Parameter zur Gewährleistung der Reproduzierbarkeit der Bewegungsprogramme,
- Anpassung der Koordinatentransformation an die Kinematik im Sinne einer parametrierbaren universellen Koordinatentransformation,

- vereinfachte, möglichst automatisierte Inbetriebnahme eines Roboters,
- Berücksichtigung der Korrekturgrößen der Zusatzmeßsysteme. Diese Korrekturgrößen können nur zum Teil direkt im Lageregelkreis der Achse berücksichtigt werden. Da z.B. die Durchbiegung eines Arms die kinematische Struktur verändert, müssen die Korrekturgrößen auf der übergeordneten Ebene der Bewegungserzeugung berücksichtigt werden.

Eine weitere Anforderung an die Hardwarestruktur der Robotersteuerung ergibt sich aus der geplanten Integration von Antriebsverstärkern und "intelligenten" Antriebsreglern direkt in die Gelenkmodule. Dies führt zu einer dezentralen oder verteilten Steuerungsstruktur mit der Notwendigkeit einer schnellen Kommunikation zwischen dem Steuerungskern und den ausgelagerten Steuerungsfunktionen. Als weitere Anforderung ergibt sich eine automatische Kinematikidentifikation mittels in den Gelenkmodulen hinterlegten Informationen.

2.4 Anforderungen beim Entwurf und der Auslegung eines Roboters aus modularen Komponenten

Die Aufgabe bei der Auslegung eines Roboters besteht darin, aus den Vorgaben bezüglich

- Arbeitsraum,
- Stellfläche,
- Traglast,
- Bahngeschwindigkeit,
- Bahnbeschleunigung,
- Wiederholgenauigkeit,
- absoluter Genauigkeit

eine kinematische Struktur mit zugehörigen Achslängen abzuleiten, die Antriebe auszulegen und die Achsverbindungselemente zu dimensionieren. Dies ist wegen der Komplexität der Aufgaben nur rechnerunterstützt mittels dynamischer und grafischer Simulation und FEM-Programmen möglich. Benötigt wird dazu wiederum eine universelle Koordinatentransformation und deren Einbindung in das Auslegungsprogramm, um unterschiedliche kinematische Strukturen untersuchen zu können. Wichtig ist in diesem Zusammenhang die Möglichkeit, rasch Modifikationen an der Kinematik vornehmen zu können.

2.5 Zielsetzung der Arbeit

Flexible Robotersysteme erfordern neben einer flexiblen Gerätetechnik /4/ vor allem eine flexible Steuerungstechnik, d.h. eine Steuerungstechnik, die in der Lage ist, auf wechselnde Anforderungen aus dem Bereich des technischen Prozesses flexibel zu reagieren (Bild 2.1). Dies sind zum einen die Kinematik, die mittels der modularen Gerätetechnik einfach den technologischen Erfordernissen angepaßt werden kann, zum anderen die anwendungsspezifische Sensorik und die Technologie, d.h. die Anforderungen bezüglich Geschwindigkeit, Genauigkeit und sonstigen Größen des technischen Prozesses.

Zielsetzung dieser Arbeit ist der Entwurf und die Realisierung einer konfigurierbaren und parametrierbaren flexiblen Steuerung für Roboter. Diese Steuerung verfügt über eine konfigurierbare, modulare Hardware, die die Anpassung der Rechnerleistung an die Erfordernisse des technischen Prozesses ermöglicht. Durch die Verwendung eines Echtzeitbetriebssystems ist es möglich, die Hardware von der Steuerungssoftware zu entkoppeln und damit die Möglichkeit zur Integration anwendungsspezifischer Funktionen in die Steuerung zu schaffen. Die Anpaßbarkeit der Steuerung an die Aufgabenstellung wird in Kapitel 3 beschrieben. Anschließend wird die Anpaßbarkeit der Steuerung an die jeweilige Kinematik behandelt. Dazu werden in Kapitel 4 die bekannten Verfahren zur Rückwärtstransformation untersucht, verglichen und bewertet, bevor in Kapitel 5 auf die Realisierung eines parametrierbaren Kinematikmoduls eingegangen wird.

3 Anpaßbarkeit der Steuerung an die Aufgabenstellung

Die Anpaßbarkeit der Steuerung an die Aufgabenstellung beinhaltet eine Anpassung der Rechnerleistung und der Funktionalität. Für die Robotersteuerung ergeben sich damit folgende Entwurfsziele:

- Gesamte Funktionalität auf einem Prozessor lauffähig
- Steuerungssoftware muß einfach auf einen leistungsfähigeren Prozessor portierbar sein
- Aufteilung der Funktionalität auf mehrere Prozessoren muß möglich sein, d.h. Hardware und Software müssen modular und konfigurierbar sein.
- Integrationsmöglichkeit für anwenderspezifische Funktionsmodule, z.B. zur Sensor- und Technologiedatenverarbeitung, d.h. das System muß offen und einfach erweiterbar sein

3.1 Konfigurierbarkeit der Hardware

Das Hardwarekonzept basiert auf einem leistungsfähigen, industriell weit verbreiteten Bussystem, für das eine Vielzahl von Herstellern CPU-Karten unterschiedlichster Leistungsfähigkeit anbietet. Dadurch können je nach Bedarf, eine kostengünstigere CPU-Karte mit geringerer Leistungsfähigkeit oder mehrere CPU-Karten mit hoher Leistungsfähigkeit eingesetzt werden. Zur Ankopplung der Steuerung an den technischen Prozeß werden passive Karten verwendet, die durch Steckmodule für

- binäre Ein- und Ausgänge,
- Inkrementalgebereingänge,
- analoge Sollwertausgänge,
- V24-Schnittstelle,
- Lichtwellenleiterankopplungen

ergänzt werden. Weiter kommen eigenentwickelte, schnelle

Achsregelkarten z.B. mit dem Signalprozessor TMS 320C30 zum Einsatz, die die Möglichkeit bieten, rechenzeitintensive Regelstrategien, wie z.b. Zustandsregler, zu implementieren.

Durch die Verwendung eines Industriestandards (z.B. VME-Bus /17/) entsteht auf Hardwareebene ein offenes System, das jederzeit erweitert werden kann.

Die verwendeten Prozessor-Karten verfügen i.a. über eine Ethernet-Ankopplung direkt auf der Karte. Ein Kommunikationssoftwarepaket erlaubt eine Vernetzung mit übergeordneten Hierarchieebenen mittels TCP/IP.

3.2 Spektrum der Hardwarevarianten

Die Möglichkeiten dieses Konzepts sollen an einigen Beispielen näher erläutert werden.

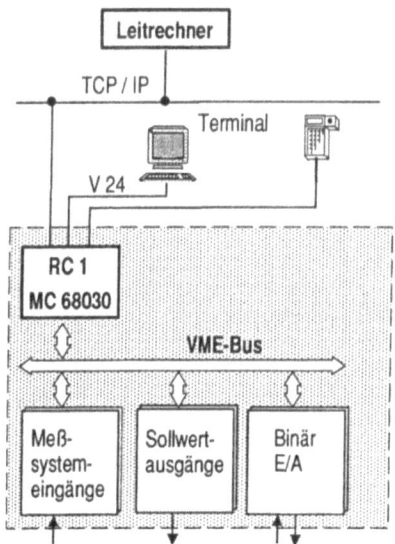

Bild 3.1: Minimale Hardwarekonfiguration

In Bild 3.1 ist die minimale Hardwarekonfiguration, die mit diesem Konzept möglich ist, dargestellt. Damit ist die Steuerung eines Roboters möglich. Eingesetzt wird eine Prozessor-Karte, deren Leistungsfähigkeit den Anforderungen entsprechend gewählt werden kann. An diese Prozessor-Karte kann ein einfaches Bedienterminal und ein Handbediengerät über serielle Leitungen angeschlossen werden. Die Ankopplung an den Leitrechner ist optional. In dieser Konfiguration werden ferner noch Inkrementalgebereingänge, Sollwertausgänge und binäre Ein- und Ausgänge entsprechend der Achszahl des zu steuernden Roboters benötigt.

In Bild 3.2 wird diese Hardwarekonfiguration um einen Achsrechner zur schnellen Regelung der drei direkt angetriebenen Grundachsen eines Roboters ergänzt. Diese oben bereits erwähnte Signalprozessorkarte mit eigenem schnellen Bus zu Meßsystemeingängen und Sollwertausgängen ermöglicht einen Lageregeltakt von 50 µs und damit K_v-Werte von 700/s /18/.

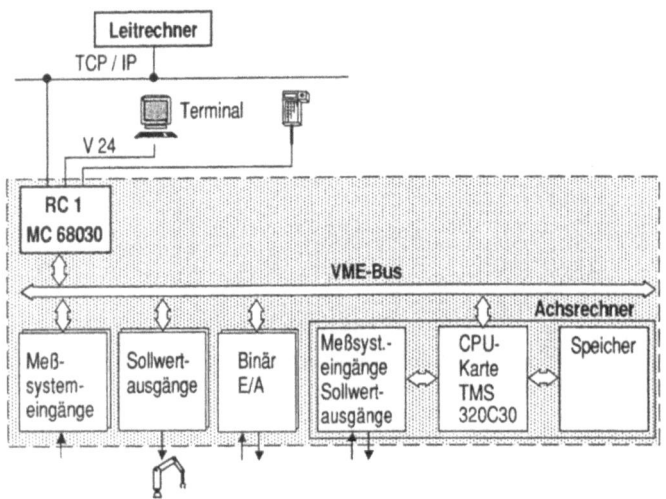

Bild 3.2: Hardwarekonfiguration mit schnellem Achsrechner

Der Geschwindigkeitsregler ist ebenfalls als digitaler Regler auf dieser Karte realisiert. Auf der Prozessor-Karte, die mit RC1 bezeichnet ist, werden die Sollwerte für die drei Grundachsen erzeugt und an den Achsrechner übergeben. Die Handachsen werden weiterhin von der CPU-Karte lagegeregelt.

Bild 3.3 zeigt eine Hardwarekonfiguration mit dezentralem Steuerungsteil. Das Steuerungskonzept für Roboter, aufgebaut aus Modulen des Roboterbaukastens /19/, sieht vor, daß Achsregler zusammen mit Antriebsverstärkern in die Gelenkmodule integriert werden, um den Verkabelungsaufwand drastisch zu reduzieren. Die Achsregler, als dezentrale Steuerungsteile bezeichnet, werden über eine Glasfaserverbindung und eine Koppelkarte an den zentralen Steuerungsteil informationstechnisch angekoppelt. Im zentralen Steuerungsteil ist bis

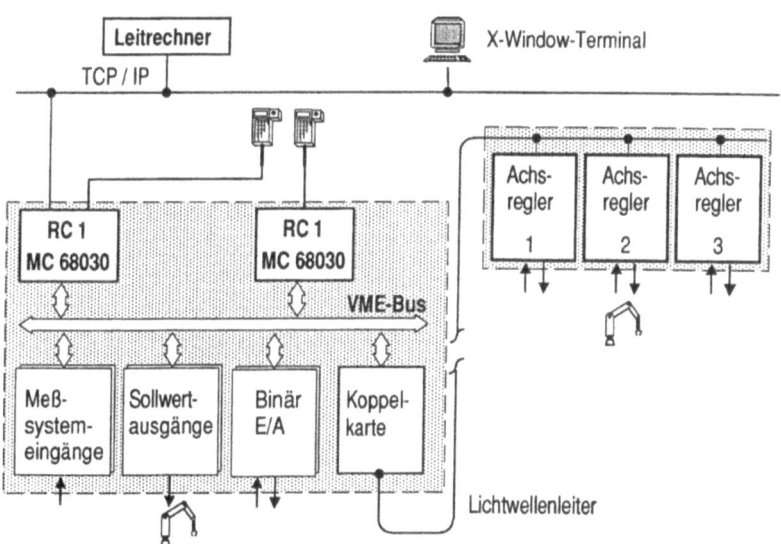

Bild 3.3: Hardwarekonfiguration mit dezentralem Steuerungsteil

auf die Lageregelung die gesamte Funktionalität der Robotersteuerung realisiert. In den dezentralen Steuerungsteilen erfolgen nach diesem Konzept eine Feininterpolation, die Lageregelung, die Geschwindigkeitsregelung, Teilfunktionen der Referenzpunktfahrt sowie die Überwachung der Endschalter.

Das einfache Terminal aus der vorhergehenden Konfiguration ist durch ein X-Window-Terminal ersetzt, das in mehreren Fenstern die Bedienoberfläche bildet.

3.3 Steuerungssoftware

Bei der derzeitigen Generation von Robotersteuerungen ist die Steuerungssoftware direkt auf der Hardware implementiert. Die Echtzeiteigenschaften werden dabei durch Verwendung der verfügbaren Zeitinterrupts und spezielle Programmiertechniken erzielt. Durch die Programmiertechnik muß dafür gesorgt werden, daß längere, zusammenhängende Programmabschnitte in mehrere Teilstücke aufgebrochen und zeitlich versetzt abgearbeitet werden. Dadurch wird erreicht, daß die Programmteile, die von einem gemeinsamen Zeitinterrupt angestoßen werden, auch alle innerhalb der zur Verfügung stehenden Zeit bearbeitet werden. Ein Beispiel soll diese Problematik veranschaulichen. In **Bild 3.4** ist die Softwarestruktur einer Einprozessorrobotersteuerung dargestellt. Durch den Zeitinterrupt 2 wird die Bewegungserzeugung, bestehend aus Interpolationsvorbereitung, Interpolation und Transformation, aktiviert. Durch die FIFO's zwischen den zu einer Zeitebene gehörenden Softwareteilen wird die zeitliche Entkopplung erreicht, um von Fall zu Fall Abweichungen des Rechenzeitbedarfs der Zeitebene zu ermöglichen. Im Falle einer sensorgeführten Bahnkorrektur ist der FIFO zwischen Bewegungserzeugung und Lageregelung höchst unerwünscht. Deswegen ist durch programmtechnische Maßnahmen dafür zu sorgen, daß die Bewegungserzeugung immer einen konstanten möglichst niedrigen Rechenzeitbedarf hat. Folge ist ein erhöhter Programmieraufwand für die Interpolationsvorbereitung,

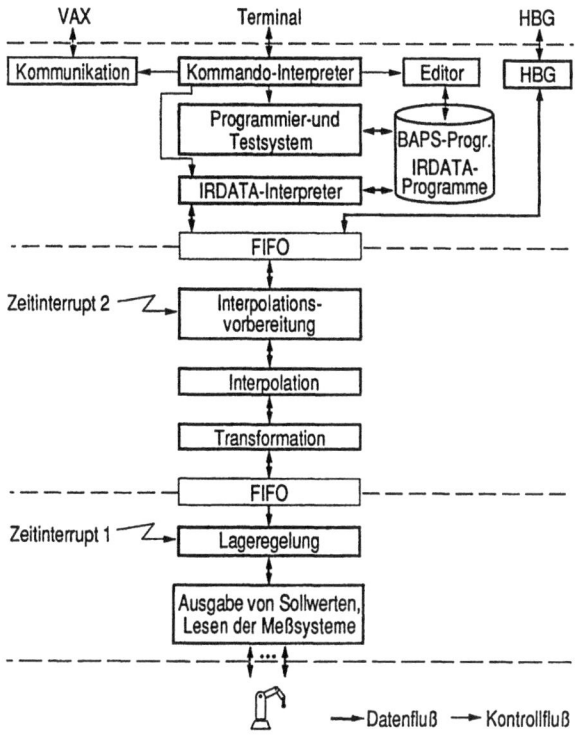

Bild 3.4: Softwarestruktur einer Einprozessorrobotersteuerung (VAX ... Rechner der Firma DEC, HBG ... Handbediengerät, BAPS ... Bewegungs- und Ablaufprogrammiersprache)

um den Rechenzeitbedarf zur Vorbereitung eines Bewegungssatzes auf mehrere Interpolationstakte zu verteilen. Die oberste Ebene in Bild 3.4 besteht aus dem IRDATA-Interpreter /20/ und der Bedienung. Diese Ebene erhält die Rechenzeit, die von den beiden unteren Ebenen nicht verbraucht wurde. Bei der Abarbeitung eines Bewegungsprogramms durch den IRDATA-Interpreter muß nun ebenfalls durch eine entsprechende Art der Programmierung dafür gesorgt werden, daß Eingaben des Bedieners am Terminal sofort bearbeitet und beantwortet werden.

Die geschilderte Problematik kann zum einen durch Mehrprozessorlösungen, wie sie bei Robotersteuerungen häufig verwendet werden /21, 22, 23, 14/, zum anderen durch den Einsatz eines Betriebssystems umgangen werden.

Da die gesamte Funktionalität der Steuerung auch auf einem Prozessor lauffähig sein soll, ist der Betriebssystemlösung der Vorrang zu geben. Als weit verbreitetes und prozessorunabhängiges Betriebssystem im Bereich der Mikrorechner bietet sich das Betriebssystem UNIX /24/ an. Der entscheidende Nachteil von UNIX ist die fehlende Echtzeitfähigkeit. Dadurch ist es nur im zeitunkritischen Teil der Steuerungssoftware, für die Programmierung, Übersetzung und eventuell die Bedienung und die Programminterpretation einsetzbar. Eine Robotersteuerung auf der Basis von UNIX ist also nur eingeschränkt und nur als Zwei- oder Mehrprozessorlösung möglich /25, 26/.

Als Basis für die zeitkritischen Teile der Steuerungssoftware kommt nur ein echtzeitfähiges Betriebssystem in Frage, das nach Möglichkeit prozessorunabhängig und für eine Vielzahl von Prozessoren verschiedenster Hersteller verfügbar sein sollte, um eine Portierung der Steuerungssoftware mit minimalem Aufwand zu ermöglichen. Die Kopplung zu einem auf UNIX basierenden System sollte jedoch ebenfalls möglich sein, um für zukünftige Entwicklungen offen zu bleiben.

3.3.1 Verwendung eines Echtzeitbetriebssystems

Durch den Einsatz eines prozessorunabhängigen Echtzeitbetriebssystems wird eine weitgehende Entkopplung der Steuerungssoftware von der Hardware erreicht. Durch die Verfügbarkeit von kostengünstigen Betriebssystemen, wie z.B. VRTX /27/ oder VxWorks /28/, ist dies - auch unter wirtschaftlichen Gesichtspunkten - möglich geworden. Neben einer weitgehenden Prozessorunabhängigkeit bietet die Verwendung eines Echtzeitbetriebssystems weitere Vorteile:

- Strukturierung der Steuerungssoftware in Tasks
- Entwicklung und Test werden vereinfacht
- Werkzeuge zum Testen der Tasksteuerung sind vorhanden
- Funktionalität einer Robotersteuerung auf _einer_ Prozessor-Karte realisierbar
- Funktionale Einheiten können leicht auf einen zusätzlichen Prozessor verlagert werden
- Schnittstellen zum Datenaustausch werden vom Betriebssystem bereitgestellt und verwaltet
- Dienstprogramme wie z.B. Treiber für Massenspeicher, Editoren, Programme zur Kommunikation mit anderen Rechnern sind verfügbar
- Mehrere Inkarnationen einer Task sind möglich
- Dateisysteme werden vom Betriebssystem bereitgestellt und verwaltet

Als Nachteile sind zusätzliche Kosten und der vom Betriebssystem verursachte Overhead zu nennen. Damit ein Echtzeitbetriebssystem in einer Robotersteuerung eingesetzt werden kann, muß es bestimmte Anforderungen erfüllen. Dies sind:

- Multitasking, d.h. mehrere Rechenprozesse (Tasks) werden quasi gleichzeitig bearbeitet
- kurze Taskwechselzeiten
- dringlichkeitsgesteuerte Prozessorumschaltung (Preemptive Scheduling), d.h. einem rechnenden Prozeß wird der Prozessor entzogen, wenn ein Prozeß höherer Priorität rechenbereit wird
- kurze Interruptantwortzeiten
- deterministisches Zeitverhalten, d.h. auch bei hoher Systembelastung muß eine hochpriore Task zeitrichtig bearbeitet werden und ein Interrupt beantwortet werden

- schnelle und effektive Mechanismen zur Intertaskkommunikation und -synchronisation, z.B. Semaphore, Queues, Mailbox, ...
- geringe Größe des Betriebssystemkerns
- ROM-Fähigkeit, d.h. das Betriebssystem kann in einem Halbleiterspeicher untergebracht werden und benötigt keinen Massenspeicher

3.3.2 Funktionelle Strukturierung der Steuerungssoftware

Die Funktionsprogramme einer numerischen Steuerung für Werkzeugmaschinen können nach /29/ in die Systemsteuerung und die vier Funktionsblöcke

- Bedien- und Steuerdatenein-/-ausgabe,
- NC-Datenverwaltung und -aufbereitung,
- Geometriedatenverarbeitung und
- Technologiedatenverarbeitung

gegliedert werden. Dort werden diese Funktionsblöcke weiter in beauftragbare Funktionen und Einzelfunktionen unterteilt.

Die funktionale Strukturierung der Steuerungssoftware für Roboter erfolgt hier auf der Ebene der beauftragbaren Funktionen, ohne auf eine tiefergehende Zergliederung in Einzelfunktionen einzugehen. Auf eine Verwendung der Nomenklatur nach /30/ wird verzichtet, da die funktionalen Einheiten der Steuerungssoftware im folgenden Kapitel auf Rechenprozesse (Tasks) eines Betriebssystems abgebildet werden und die Begriffe (Rechen-)Prozeß oder Task in diesem Zusammenhang gebräuchlicher sind.

Ausgehend von den Anforderungen, die in Kapitel 2 formuliert werden, ergibt sich folgende Strukturierung:

- Bedienungs- und Anzeigefunktionen
  - Verarbeitung der Eingabe des Bedieners

- direkte Ausführung des eingegebenen Kommandos oder Aufruf der entsprechenden Funktion
- Ausgabe von Anzeigen und Meldungen auf dem Bedienterminal

- Handbediengerätefunktionen
  - Ausführung der durch Tastendruck angeforderten Aktion
  - Anzeigen von Werten auf dem Display
  - Übergabe von Koordinatenwerten an das Dateisystem (Teach-In)

- Interpreter
  - Interpretation eines Bewegungsprogramms, das beispielsweise im IRDATA-Format /20/ vorliegt
  - enge Kopplung zum Testsystem

- Programmiersystem
  - Übersetzung eines Bewegungsprogramms aus einer höheren Roboterprogrammiersprache /31/ in den Steuerungscode (IRDATA)
  - Erstellung von Testinformationen
  - eventuell Nachbildung eines Dateisystems

- Testsystem
  - quellzeilenorientiertes, symbolisches Debuggen von Bewegungsprogrammen /32/

- Interpolationsvorbereitung
  - geometrische Berechnungen am Anfang eines Bewegungssatzes, z.B. Transformation des Zielpunktes
  - Synchronisation von Bewegung und E/A-Operationen

- Interpolation
  - Erzeugung der Interpolationsstützpunkte unter Berücksichtigung von Slope, Überschleifen, Override

- Transformation
  - kinematikabhängige Transformation
  - Werkstück-, Greifer-, Sensortransformation

- Lageregelung
  - Feininterpolation
  - Führungsgrößenvorsteuerung
  - Regelalgorithmus, z.B. P-Regler, Zustandsregler
  - eventuell digitaler Geschwindigkeitsregler

- E/A-Funktionen
  - Ein- und Ausgabe von Signalen zum technischen Prozeß, z.B. zur Ansteuerung peripherer Geräte
  - Standard-E/A zu Geräten wie Bildschirm, Handbediengerät und zu Dateien

- Überwachung und Diagnose

- Kommunikation
  - Funktionen, die auf Protokollen des Betriebssystems aufbauen

In der **Tabelle 3.1** wird dargestellt, wie echtzeitkritisch diese 13 funktionalen Einheiten sind und wie sie aktiviert werden. Die Ergebnisse werden zur Festlegung der Steuerungsstrukturen und der Prioritäten benötigt.

funktionale Einheit	echtzeit-kritisch	Aktivierung	Zeitraster	Priorität
Bedienung	--	Anwender	-	1
Handbediengeräte-funktionen	-	Prozeß	Satzwechselzeit	4
Interpreter	-	Prozeß	Satzwechselzeit	4
Programmiersystem	--	Prozeß	-	2
Testsystem	--	Prozeß	-	3
Interpolationsvor-bereitung	+	zyklisch	Satzwechselzeit	5
Interpolation	++	zyklisch	Interpolationstakt	8
Transformation	+/++	Prozeß	-	5/8
Lageregelung	++	zyklisch	Lageregeltakt	10
E/A-Funktionen	+	Prozeß, asynchron	-	6
Überwachung und Diagnose	++	zyklisch, asynchron	-	9
Sensordatenverarbeitung	++	zyklisch, asynchron	-	7[1)
Kommunikation	+	Prozeß, asynchron	-	5

-- sehr gering
- gering
+ hoch
++ sehr hoch

1 geringste Priorität
10 höchste Priorität

Anmerkung:
[1)]hier wird eine zeitkritische Sensordatenverarbeitung, z.B. eine Bahnkorrektur, zugrundegelegt. Bei weniger kritischen Anwendungen, wie z.B. der Lageerfassung eines Werkstücks genügt eine geringere Priorität

<u>Tabelle 3.1:</u> Klassifizierung der funktionalen Einheiten

3.3.3 Abbildung der funktionellen Bestandteile der Steuerungssoftware auf Prozesse

Nachfolgend wird beschrieben, wie auf Basis eines Echtzeitbetriebssystems eine Robotersteuerung aufgebaut und strukturiert werden kann.

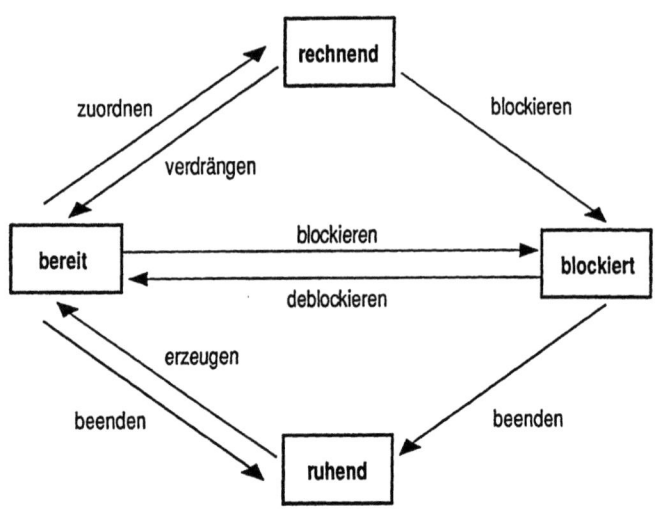

Bild 3.5: Prozeßzustände und Übergänge

In Bild 3.5 ist das Modell für die Prozeßzustände und Übergänge dargestellt /33, 34/, das der in Bild 3.6 dargestellten Taskstruktur der Robotersteuerung zugrundeliegt. In Bild 3.7 sind die Datenflüsse zwischen den Prozessen dargestellt. Welcher Prozeß vom Zustand "Bereit" (engl. "ready") in den Zustand "Rechnend" (engl. "executing") gebracht wird, wird von dem Teil des Betriebssystems, der die Prozessorzuteilung vornimmt, dem Scheduler, entsprechend der Prioritäten der rechenbereiten und des rechnenden Prozesses entschieden. Wichtig ist in diesem Zusammenhang, daß einem Prozeß mit niedriger Priorität im Zustand "Rechnend" das Betriebsmittel Prozessor entzogen wird, wenn ein Prozeß mit höherer Priorität lauffähig wird, d.h., daß das Betriebssy-

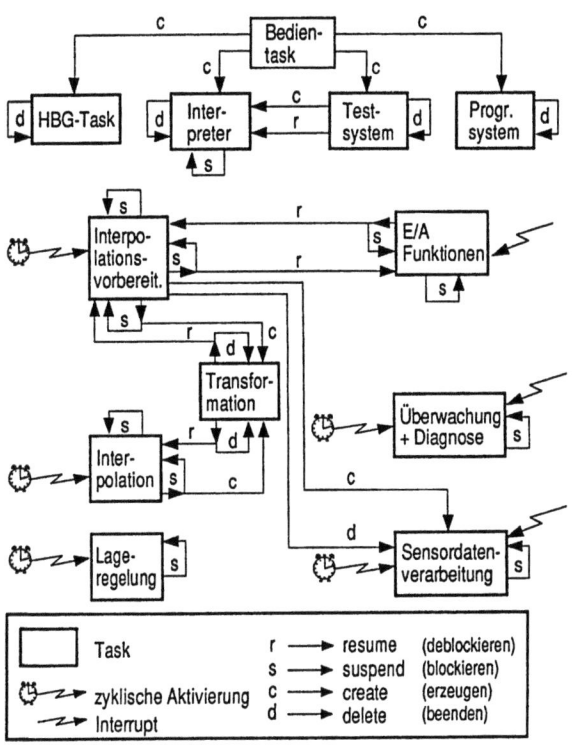

Bild 3.6: Taskstruktur der Robotersteuerung

stem für die Prozessorzuteilung Preemptive Scheduling verwendet. Ein rechnender Prozeß wird in den Zustand "Blockiert" versetzt, wenn er zur Fortsetzung ein nicht verfügbares Betriebsmittel benötigt, z.B. wenn er auf eine Semaphore /35/ wartet. Ein Prozeß kann sich selbst blockieren. Dieser Mechanismus wird bei der Taskstruktur der Robotersteuerung bei sämtlichen zyklischen, d.h. zeitgesteuerten Prozessen eingesetzt, um den jeweiligen Prozeß nach einem Durchlauf aller Anweisungen bis zur nächsten Aktivierung zu unterbrechen. Ein blockierter Prozeß wird entweder durch ein explizites "Deblockieren" (engl. "resume") oder durch das Eintreten eines Ereignisses wieder lauffähig. Sobald kein

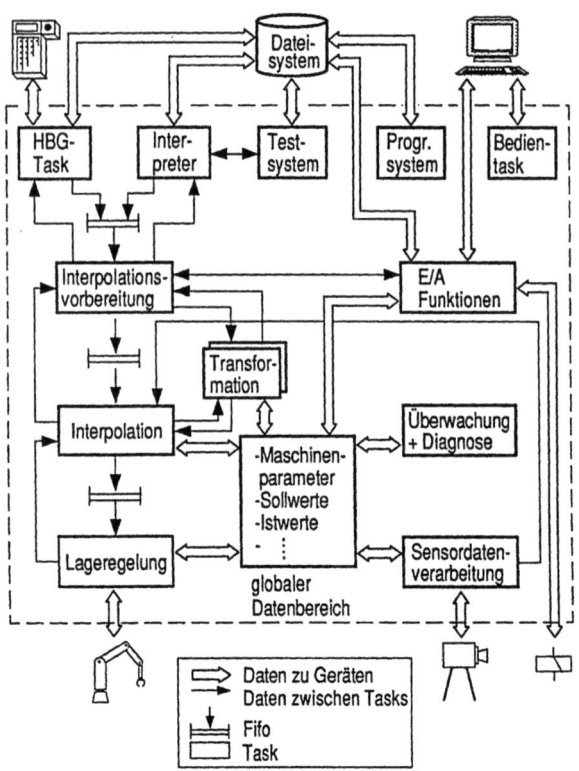

Bild 3.7: Datenfluß in der Robotersteuerung

Prozeß mit höherer Priorität bearbeitet wird oder zur Bearbeitung ansteht, wird diesem Prozeß der Prozessor zugeteilt und er wird an der Stelle fortgesetzt, an der er unterbrochen wurde, und zwar mit den gleichen Werten der Variablen wie vorher. Dies ist der wesentliche Unterschied zu einem Prozeß, der vom Zustand "Ruhend" (engl. "dormant") in den Zustand "Bereit" gebracht wird. Die Bearbeitung neu erzeugter Prozesse beginnt am Anfang des zugehörigen Programmcodes und mit neu zugewiesenem Speicherplatz für die Variablen. Es ist möglich, ein Programm mehrfach zu inkarnieren. Dabei entstehen Prozesse mit identischem Code, aber unterschiedlichen Daten. Dies wird beispielsweise verwendet, um die

Transformation, die sowohl von der Interpolation als auch von der Interpolationsvorbereitung "aufgerufen" werden kann, zweifach zu inkarnieren.

Werden durch den Initialisierungsprozeß zwei Inkarnationen der kompletten Bewegungserzeugung kreiert, so ist es möglich, zwei kinematische Ketten unabhängig voneinander zu steuern. Dazu muß der Datenfluß auf die zusammengehörigen Prozesse gelenkt werden. Diese Aufgabe wird weitestgehend von der Intertaskkommunikation des Betriebssystems übernommen, indem z.B. die FIFO's bestimmten Prozessen zugeordnet werden.

3.4 Leistungssteigerung der Steuerung durch Verlagerung von Tasks auf zusätzliche Prozessorkarten

Die Flexibilität dieses Steuerungskonzepts zeigt sich bei der Verlagerung einzelner Prozesse auf zusätzliche Prozessoren.

Ist es beispielsweise notwendig, die konventionelle Lageregelung durch einen Zustandsregler zu ersetzen, der eine höhere Prozessorleistung verlangt, so kann der Zustandsregler auf einem weiteren Prozessor implementiert werden. Der Prozeß Lageregelung auf dem ersten Prozessor wird ersetzt durch einen Prozeß zur Interprozessorkommunikation.

Anwenderspezifische Funktionen zur Technologiedatenverarbeitung oder Sensorfunktionen können als Prozesse in das Steuerungssystem integriert werden. Dabei ist allerdings die Gesamtleistungsfähigkeit des Systems zu beachten, da nur bisher nicht genutzte Reserven an Rechnerkapazität verwendet werden können.

4 Untersuchung von Verfahren zur Rückwärtstransformation

Für die Vielfalt der klassischen Einsatzgebiete von Robotern wie z.B. Bahnschweißen, Lackieren oder Sealen, und besonders für neuere Anwendungen, wie Laserschneiden, -schweißen, Entgraten, Schleifen und Fügen, ist es erforderlich, den Endeffektor des Roboters auf definierten Bahnen im Raum mit einer definierten Orientierung zu bewegen. Für solche Aufgaben werden überwiegend Roboter mit mindestens 5, zumeist rotatorischen Achsen eingesetzt. Zur Einhaltung der vorgegebenen Bahn müssen alle Roboterachsen koordiniert und simultan verfahren werden. Die Bahn des Endeffektors wird unabhängig vom kinematischen Aufbau des Roboters in einem i.a. kartesischen Bezugskoordinatensystem vorgegeben.

Eine Koordinatentransformation berechnet aus den interpolierten Raumkoordinaten die Lagesollwerte für die einzelnen Achsen des Roboters. Diese Koordinatentransformation liefert also den Zusammenhang zwischen der speziellen Kinematik des Industrieroboters und der allgemeinen, kinematikunabhängigen Beschreibung der auszuführenden Bewegung. Da der Roboterbaukasten den Aufbau einer Vielzahl unterschiedlicher Konstruktionen erlaubt, ergibt sich das Problem, zu jeder Kinematik eine Koordinatentransformation zu erstellen. An den Algorithmus der Koordinatentransformation werden bezüglich der Rechenzeiteffizienz hohe Anforderungen gestellt, da der Interpolationstakt und damit ein Faktor für die mögliche Genauigkeit bei einer vorgegebenen Bahngeschwindigkeit zu einem wesentlichen Teil von der Rechenzeit der Koordinatentransformation abhängt.

Aus dem bisher Gesagten ergeben sich die zwei wesentlichen Beurteilungskriterien für die Verfahren zur Rückwärtstransformation:

Universalität und Echtzeitfähigkeit

Die Universalität beinhaltet eine Automatisierbarkeit des

Verfahrens und eine Parametrierbarkeit in der Steuerung, d.h. durch Eingabe von Parametern, die die Kinematik beschreiben, muß es in der Steuerung möglich sein, automatisch einen Algorithmus zur Rückwärtstransformation für diese Kinematik zu generieren. Aus der Echtzeitfähigkeit folgt, daß es wünschenswert ist, für einfache Konstruktionen als Algorithmus zur Rückwärtstransformation eine explizite analytische Lösung zu erhalten, die weniger Rechenzeit benötigt als eine iterative Lösung. Ein weiteres Kriterium ist das Auffinden von unterschiedlichen Konfigurationen und von singulären Stellungen.

Im folgenden wird zunächst die hier kurz umrissene Problematik näher untersucht und einige wichtige Begriffe erklärt, dann werden die verschiedenen Verfahren zur Koordinatentransformation beschrieben, verglichen und bewertet.

4.1 Einführung in die Problematik

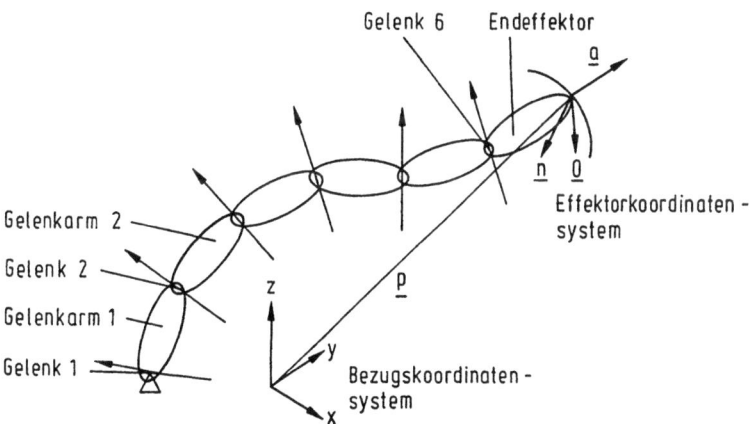

Bild 4.1: Schematische Darstellung der kinematischen Kette eines Roboters

In Bild 4.1 ist schematisch die kinematische Kette eines Roboters mit sechs Gelenken eingezeichnet. Zur Beschreibung der Lage des Endeffektors werden zwei Koordinatensysteme eingeführt. Zum einen ein Bezugskoordinatensystem (Weltkoordinatensystem), das gegenüber der Basis des Roboters unveränderlich ist und üblicherweise in den Roboterfußpunkt gelegt wird. Zum anderen das Effektorkoordinatensystem, das man sich am Endeffektor des Roboters fest angebracht vorstellen kann. Das Effektorkoordinatensystem wird von der kinematischen Kette des Roboters gegenüber dem Bezugskoordinatensystem bewegt. Die Lage des Endeffektors des Roboters wird durch die Verschiebung und Verdrehung des Effektorkoordinatensystems gegenüber dem Bezugskoordinatensystem angegeben. Der Vektor $\underline{p}$ zum Ursprung des Effektorkoordinatensystems stellt dabei die Position dar. Die drei Einheitsvektoren $\underline{n}$, $\underline{o}$, $\underline{a}$ (englisch: $\underline{n}$ormal, $\underline{o}$rientation, $\underline{a}$pproach), die das Effektorkoordinatensystem aufspannen, bestimmen die Orientierung. Der Ortsvektor $\underline{p}$ und die freien Vektoren $\underline{n}$, $\underline{o}$, $\underline{a}$ werden üblicherweise zu homogenen Vektoren erweitert und zu der homogenen Matrix

$$T = \left(\begin{array}{cccc} \underline{n} & \underline{o} & \underline{a} & \underline{p} \\ 0 & 0 & 0 & 1 \end{array} \right) \qquad (4.1)$$

zusammengefaßt /36, 37/. Die Matrix T stellt eine homogene Transformationsmatrix dar und kann als das Effektorkoordinatensystem dargestellt im Bezugskoordinatensystem interpretiert werden. In diesem Zusammenhang soll kurz auf den Begriff "Freiheitsgrad" eingegangen werden. Ein frei im Raum beweglicher, starrer Körper hat den Freiheitsgrad $f = 6$, d.h. es sind je drei unabhängige Translationen und Rotationen des starren Körpers gegenüber einem kartesischen Bezugssystem möglich. Daraus folgt, daß die Lage des Endeffektorkoordinatensystems auch durch drei Werte der Verschiebung und drei Werte für Rotationen vollständig definiert ist. Diese sechs Werte stellen verallgemeinerte Koordinaten dar und werden als die Raumkoordinaten der Roboterstellung bezeichnet.

Die Lage des Endeffektors kann jedoch auch durch die Gelenkstellungen (Maschinenkoordinaten) des Roboters angegeben werden.

In diesem Zusammenhang muß zuerst auf den kinematischen Aufbau von Robotern und dessen Darstellung eingegangen werden.

Die offene kinematische Kette eines Roboters besteht aus Armen (Gelenkverbindungselemente, englisch: "links"), die durch Gelenke (englisch: "joints") beweglich miteinander verbunden sind. Für die kinematischen Betrachtungen können die Arme als starre Körper aufgefaßt werden. Bei vielen Industrierobotertypen sind, wenn sich Gelenkachsen schneiden, gewisse Achslängen null. Es kann jedoch immer eine mechanische Ersatzkonstruktion mit gleicher Kinematik angegeben werden, bei der das Gelenkverbindungselement physikalisch vorhanden ist, so daß man im folgenden immer von der Existenz eines Arms zwischen zwei Gelenken ausgehen kann.

Zur Definition der kinematischen Kette des Industrieroboters muß die Reihenfolge, Anzahl und Art der Gelenke und ihrer Verbindungen beschrieben werden. Dies geschieht im allgemeinen durch die Definition körperfester Koordinatensysteme in jedem Gelenk des Roboters. Die Definition dieser Koordinatensysteme, im folgenden Gelenkkoordinatensysteme genannt, kann auf sehr unterschiedliche Art und Weise erfolgen. Eine Vorschrift, wie die Gelenkkoordinatensysteme zu definieren sind, und damit eine eindeutige Beschreibung der kinematischen Kette, geht auf Denavit und Hartenberg zurück /38/.

Die Lage des Endeffektors ist in Koordinaten des letzten Gelenkkoordinatensystems gegeben, die Lage des letzten Gelenkkoordinatensystems in Koordinaten des vorletzten und so weiter bis zum ersten Gelenkkoordinatensystem in der kinematischen Kette, dessen Lage im Bezugskoordinatensystem gegeben ist. Die Lage des Endeffektors kann also durch Multiplikation homogener Matrizen in das Bezugskoordinatensystem transformiert werden. Diese Transformation, d.h. die Berechnung der Endeffektorposition und -orientierung aus bekannten Stellungen der Gelenke, wird als Vorwärtstransformation (direktes kinematisches Problem) bezeichnet. Die Vorwärtstransformation ist stets eindeutig und einfach zu berechnen. Sie lautet mit Denavit-Hartenberg-Matrizen:

$$T = A_1 \, A_2 \, A_3 \, A_4 \, A_5 \, A_6 \tag{4.2}$$

T steht für Trajektorienmatrix und bezeichnet das Endeffektorkoordinatensystem dargestellt im Bezugssystem.

Das Endeffektorkoordinatensystem ergibt sich also als Funktion der Gelenkvariablen $(q_1, \ldots, q_n)$:

$$T = \begin{pmatrix} \underline{n} & \underline{o} & \underline{a} & \underline{p} \\ & & & \\ 0 & 0 & 0 & 1 \end{pmatrix} = f(q_1, \ldots, q_n) \tag{4.3}$$

Im folgenden werden die Gelenkvariablen mit q_i bezeichnet, unabhängig davon, ob es sich um ein rotatorisches oder ein translatorisches Gelenk handelt.
Aus den Einheitsvektoren $\underline{n}$, $\underline{o}$, $\underline{a}$ des Effektorkoordinatensystems können die Orientierungswinkel O, A, T entsprechend der gewählten Definition berechnet werden. Die Position (x, y, z) ist durch $\underline{p}$ gegeben, d.h. es ergibt sich ein funktionaler Zusammenhang zwischen den Raumkoordinaten und Maschinenkoordinaten

$$\begin{pmatrix} x \\ y \\ z \\ O \\ A \\ T \end{pmatrix} = \underline{f}_{VT} \begin{pmatrix} q_1 \\ \cdot \\ \cdot \\ \cdot \\ \cdot \\ q_n \end{pmatrix} \tag{4.4}$$

Unter der Rückwärtstransformation (inverses kinematisches Problem) versteht man die Berechnung der Maschinenkoordinaten aus gegebenen Raumkoordinaten. Formal ist dies die Auflösung des Gleichungssystems (4.4) nach den Maschinenkoordinaten (q_1, ..., q_n). Gesucht wird eine Beziehung:

$$\begin{pmatrix} q_1 \\ \cdot \\ \cdot \\ \cdot \\ \cdot \\ q_n \end{pmatrix} = \underline{f}_{RT} \begin{pmatrix} x \\ y \\ z \\ O \\ A \\ T \end{pmatrix} \tag{4.5}$$

Wie oben gesagt wurde, besitzt ein starrer Körper sechs räumliche Freiheitsgrade. Ein Roboter mit sechs Gelenken ist bei geeigneter Anordnung der Gelenke in der Lage, seinen Endeffektor in sechs Freiheitsgraden zu bewegen. Roboter mit mehr als sechs Gelenken besitzen eine redundante Kinematik. Die zusätzlichen Gelenke können beispielsweise zur Umfahrung von Hindernissen und zur Erweiterung des Arbeitsraumes verwendet werden. Für die Rückwärtstransformation ergibt sich formal ein unterbestimmtes Gleichungssystem, das nur durch zusätzliche Nebenbedingungen gelöst werden kann.

Roboter mit weniger als 6 Gelenken besitzen auch weniger als 6 räumliche Freiheitsgrade, ihnen fehlen beispielsweise Orientierungsfreiheitsgrade. Durch geeignete Wahl der Raumkoordinaten, d.h. durch Weglassen nicht möglicher Freiheitsgrade läßt sich das unterbestimmte Gleichungssystem in den meisten Fällen auf ein bestimmtes System abbilden.

Bei der Bestimmung der Maschinenkoordinaten zu vorgegebenen Raumkoordinaten treten weitere Schwierigkeiten auf, die nachfolgend kurz charakterisiert werden.

Unerreichbare Stellung
Eine Stellung ist unerreichbar, wenn sie außerhalb des idealisierten Arbeitsraums des Roboters liegt, d.h. der Roboter kann diese Stellung auch unter Vernachlässigung seiner Gelenkverfahrbereichsgrenzen nicht erreichen.

Unzulässige Stellung
Eine Stellung ist unzulässig, wenn sie zwar innerhalb des idealisierten Arbeitsraums liegt, aber aufgrund der Verfahrbereichsgrenzen der Gelenke nicht erreicht werden kann.

Singuläre Stellung
Eine Stellung ist singulär, wenn zwei der im allgemeinen unabhängigen sechs Gleichungen der Vorwärtstransformation für diese Stellung linear abhängig werden. In einer solchen Stellung kann eine Gelenkvariable beliebig gewählt werden.

4.2 Verfahren zur Rückwärtstransformation bei Industrierobotern

Wie in Kapitel 4.1 gezeigt wurde, besteht das Problem der Rückwärtstransformation darin, aus einem impliziten nichtlinearen Gleichungssystem für eine gegebene Effektorstellung des Roboters die zugehörigen Gelenkvariablen zu bestimmen.

Prinzipielle Lösungsansätze sind zum einen eine analytische Auflösung des Gleichungssystems, um explizite Lösungsgleichungen zu erhalten, zum anderen eine iterative numerische Lösung. Als drittes sind dann Mischformen, sogenannte hybride Verfahren, aus den beiden Lösungsansätzen möglich.

4.2.1 Explizite Verfahren

Die Gleichung der Vorwärtstransformation lautet mit Denavit-Hartenberg-Matrizen entsprechend Gleichungen (4.2) und (4.3):

$$T = A_1 A_2 A_3 A_4 A_5 A_6 = \begin{pmatrix} \underline{n} & \underline{o} & \underline{a} & \underline{p} \\ 0 & 0 & 0 & 1 \end{pmatrix} = f(q_1,\ldots,q_n) \quad (4.6)$$

Zur Auflösung des Systems nach den Gelenkkoordinaten stehen damit aus den Komponentendarstellungen von $\underline{n}$, $\underline{o}$, $\underline{a}$ und $\underline{p}$ sofort 12 Gleichungen, die aber nicht unabhängig sind, zur Verfügung. Das Auffinden von Lösungen erfordert ein gewisses Maß an Erfahrung und mathematische Intuition, wobei die Existenz einer Lösung nicht unbedingt gewährleistet ist. Diese Schwierigkeiten bei einer rein formalen Herleitung der Lösungen aus den gegebenen Gleichungen haben schon früh zu einer systematischen Suche nach Lösungen durch Betrachtungen der Roboterkinematik geführt.

4.2.1.1 Klassifizierung der geschlossen lösbaren Roboterkinematiken

In /39/ wurde zuerst der Versuch unternommen, die Gesamtheit aller möglichen Kinematiken in Klassen einzuteilen und für bestimmte Klassen eine Lösung anzugeben. Dort wird gezeigt, daß für alle sechsachsigen Roboter mit drei sich in einem Punkt schneidenden Achsen und für alle sechsachsigen Roboter mit drei Schubachsen eine geschlossene Lösung existiert. Diese Lösung kann allerdings ein Polynom vom Grad 4 sein, dessen Nullstellen sich nur mit größerem Aufwand bestimmen lassen. In /40/ wurde diese Arbeit fortgeführt und ergänzt. Ein Roboter ist nach /40/ sukzessive geschlossen quadratisch lösbar (sgq-lösbar), wenn die Lösungen für alle Gelenkkoordinaten höchstens auf Polynome vom Grad 2 führen. Der prä-

Klasse	Beschreibung der kinematischen Konfiguration
1	Roboter mit 3 Translationsgelenken
2	Roboter mit 2 Translationsgelenken und zwei zueinander parallelen Rotationsgelenken
3	Roboter mit 2 Translationsgelenken und 3 sich schneidenden Rotationsgelenken
4	Roboter mit 2 sich schneidenden Rotationsgelenken und 1 weiteren Rotationsgelenk, das senkrecht auf 2 Translationsgelenken steht
5	Roboter mit 1 Translationsgelenk und 3 zueinander parallelen Rotationsgelenken
6	Roboter mit zweimal 2 zueinander parallelen Rotationsgelenken und 1 Translationsgelenk, das senkrecht auf einem der parallelen Rotationsachsenpaare steht
7	Roboter mit 2 sich schneidenden Rotationsgelenken und 2 weiteren zueinander parallelen Rotationsgelenken und und 1 Translationsgelenk, das senkrecht auf diesen 2 parallelen Rotationsgelenken steht
8	Roboter mit 3 sich schneidenden Rotationsgelenken und 1 Translationsgelenk, das senkrecht auf 1 weiteren Rotationsgelenk steht
9	Roboter mit 3 sich schneidenden und weiteren 2 sich schneidenden Rotationsgelenken
10	Roboter mit 3 zueinander parallelen und weiteren 2 zueinander parallelen Rotationsgelenken
11	Roboter mit 2 sich schneidenden Rotationsgelenken und 3 weiteren zueinander parallelen Rotationsgelenken
12	Roboter mit 3 sich schneidenden Rotationsgelenken und 2 weiteren zueinander parallelen Rotationsgelenken

Tabelle 4.1: Geschlossen lösbare Roboterkonfigurationen nach /40/

zise definierte Begriff der sgq-Lösbarkeit stimmt mit dem allgemein gebräuchlichen aber unscharfen Begriff geschlossen lösbar überein. In <u>Tabelle 4.1</u> werden die Klassen von geschlossen lösbaren Roboterkonfigurationen aufgeführt. Die Vollständigkeit dieser Klassen wird vermutet, konnte allerdings nicht bewiesen werden.

4.2.1.2 Verfahren zur Herleitung der Gleichungen

Ein erster Ansatz bei der Suche von Lösungen für das Gleichungssystem (4.6) wird u.a. in /37/ beschrieben. Ausgehend von der Matrizengleichung (4.2) werden durch sukzessive Multiplikation von links mit der Inversen von A_i neue Gleichungen generiert:

$$A_1^{-1} T = A_2\ A_3\ A_4\ A_5\ A_6 \quad (4.7a)$$
$$A_2^{-1} A_1^{-1} T = A_3\ A_4\ A_5\ A_6 \quad (4.7b)$$
$$A_3^{-1} A_2^{-1} A_1^{-1} T = A_4\ A_5\ A_6 \quad (4.7c)$$
$$A_4^{-1} A_3^{-1} A_2^{-1} A_1^{-1} T = A_5\ A_6 \quad (4.7d)$$
$$A_5^{-1} A_4^{-1} A_3^{-1} A_2^{-1} A_1^{-1} T = A_6 \quad (4.7e)$$

Die Matrizenelemente auf der linken Seite dieser Gleichungen enthalten Elemente von T und von den ersten i-1 Gelenkvariablen. Die Matrizenelemente auf der rechten Seite sind entweder Konstante oder Funktionen der Gelenkvariablen i bis 6. Da zwei Matrizen gleich sind, wenn sie in allen Komponenten übereinstimmen, ergeben sich dadurch 60 neue Gleichungen. Durch geschickte Wahl der Gleichungen können Lösungen für die Gelenkvariablen gefunden werden.

Das Verfahren nach Paul erfordert, da zunächst alle 72 Gleichungen angeschrieben werden müssen, einen erheblichen Aufwand und ist angesichts der Länge der auftretenden Terme auch fehleranfällig. Deshalb wurden von verschiedenen Autoren Verbesserungen vorgeschlagen. Eine erste Variante stellt die Methode nach Lloyd und Hayward dar /41/. Dabei wird die Roboterkinematik bei der Auswahl der Gleichungen berücksichtigt. Schneiden sich zwei oder mehr Gelenkachsen in einem Punkt oder sind zwei oder mehr Gelenkachsen parallel, so werden diese Gelenkachsen von der restlichen Kinematik entkoppelt. Bezeichnet man das Produkt der entkoppelten Matrizen mit C, das Produkt der Gelenkmatrizen davor als A_a und das Produkt der Gelenkmatrizen danach als A_b, so entsteht die Matrizengleichung

$$T = A_a \, C \, A_b \tag{4.8}$$

Können die Gelenkvariablen aus A_a und A_b bestimmt werden, so können Bestimmungsgleichungen für die Gelenkvariablen aus

$$C = A_a^{-1} \, T \, A_b^{-1} \tag{4.9}$$

abgeleitet werden. Durch die Zerlegung in zwei Teilaufgaben ergeben sich übersichtlichere Gleichungssysteme.

Eine weitere Variante wird in /42/ beschrieben. Ausgangspunkt ist auch hier das Verfahren nach Paul. Dabei werden die rechten Seiten der Gleichungen nach Paul bei der letzten Gleichung beginnend sukzessive durch Hilfsmatrizen ersetzt:

$$\begin{aligned}
U_6 &= A_6 \\
U_5 &= A_5 \, U_6 \\
U_4 &= A_4 \, U_5 \\
&\vdots \\
U_1 &= A_1 \, U_2 = T
\end{aligned}$$

In den Hilfsmatrizen werden sofort die Matrizenelemente, die komplizierter sind als Konstante, Variable, oder Sinus bzw. Cosinus einer Variable durch Hilfsvariable substituiert. Die

Elemente der Hilfsmatrizen sind wegen dieser Substitutionen höchstens Summen aus zwei Summanden, die wiederum höchstens ein Produkt aus zwei Variablen sein können.
Die letzte Matrizengleichung

$$T = U_1 = A_1 U_2 \qquad (4.10)$$

führt dann zu Gleichungen zur Bestimmung von q_1. A_1 ist damit bekannt und aus der Gleichung (4.10) entsteht dann

$$A_1^{-1} T = U_2 = A_2 U_3 \qquad (4.11)$$

Daraus kann dann q_2 bestimmt werden und so weiter.

Dieses Verfahren wurde durch Einsatz eines Symbolmanipulationssystems automatisiert und liefert eine analytische Lösung für alle geschlossen lösbaren nichtredundanten Roboterkinematiken. Führt das Verfahren nicht zum Erfolg, so bedeutet das, daß auch keine Lösung existiert.

Zusammenfassend läßt sich feststellen, daß die Bestimmung einer geschlossenen Lösung für eine gegebene Roboterkinematik nach dem heutigen Kenntnisstand praktisch problemlos möglich ist. Ebenso scheint es plausibel begründet zu sein, für welche Klassen von Roboterkinematiken die Existenz einer geschlossenen Lösung gesichert ist.

4.2.2 Iterative Verfahren

Wie schon in 4.2.1 dargelegt, liefert die Vorwärtstransformation ein Gleichungssystem mit 12 impliziten Gleichungen für die Bestimmung der Gelenkvariablen. Diese 12 Gleichungen sind allerdings nicht unabhängig. Durch den Übergang zu den Raumkoordinaten (verallgemeinerte Koordinaten der Lage) erhält man 6 unabhängige implizite Gleichungen für die Bestimmung der Gelenkvariablen

$$\underline{r} = \begin{pmatrix} x \\ y \\ z \\ 0 \\ A \\ T \end{pmatrix} = \underline{f}_{VT} \begin{pmatrix} q_1 \\ \bullet \\ \bullet \\ \bullet \\ \bullet \\ q_6 \end{pmatrix} \qquad (4.12)$$

Die numerische Mathematik stellt zur iterativen Lösung solcher Gleichungen verschiedene Verfahren bereit /43, 44/, von denen das Newton-Raphson-Verfahren mit seinen Varianten das gebräuchlichste ist.

4.2.2.1 Das Newton-Raphson-Verfahren

Die Iterationsvorschrift des Newton-Raphson-Verfahrens lautet allgemein:

$$\underline{q}_{n+1} = \underline{q}_n - J^{-1}(\underline{q}_n)\,\underline{f}(\underline{q}_n) \qquad (4.13)$$

Für unseren Fall

$$\begin{pmatrix} x \\ y \\ z \\ 0 \\ A \\ T \end{pmatrix} = \underline{f}_{VT} \begin{pmatrix} q_1 \\ \bullet \\ \bullet \\ \bullet \\ \bullet \\ q_6 \end{pmatrix}$$

oder in Vektorschreibweise

$$\underline{r} = \underline{f}_{VT}(\underline{q})$$

ergibt sich nach Umformung

$$\underline{f}_{VT}(\underline{q}) - \underline{r} = \underline{0}$$

die Iterationsvorschrift

$$\underline{q}_{n+1} = \underline{q}_n - J^{-1}(\underline{q}_n) \, [\underline{f}_{VT}(\underline{q}_n) - \underline{r}] \qquad (4.14)$$

Dabei sind:

$\underline{r}$ ... vorgegebene Raumkoordinaten
$\underline{q}_n$ ... Gelenkvariable des n-ten Iterationsschrittes
$\underline{q}_{n+1}$ ... Gelenkvariable des (n+1)-ten Iterationsschrittes
$\underline{f}_{VT}$ ... Vorwärtstransformation
J ... Jacobi-Matrix

Dieser Algorithmus erfordert pro Iterationsschritt im wesentlichen eine Vorwärtstransformation sowie die Aufstellung und Invertierung der Jacobi-Matrix. Die Berechnung der Jacobi-Matrix nach ihrer Definitionsgleichung erfordert die Bildung der partiellen Ableitungen der sechs Vorwärtstransformationsgleichungen nach den Gelenkvariablen. Wenn man die physikalische Bedeutung der Elemente der Jacobi-Matrix betrachtet, erkennt man, daß die Teilvektoren

$$\left(\frac{\partial x}{\partial q_j}, \; \frac{\partial y}{\partial q_j}, \; \frac{\partial z}{\partial q_j} \right)^T \qquad (j = 1 \ldots 6)$$

die translatorische Änderung des Ursprungs des Effektorkoordinatensystems, oder genauer die Richtung dieser Änderung, die durch differentielle Änderungen der Gelenkvariablen q_j verursacht werden, beschreiben. Analog stellt

$$\left(\frac{\partial O}{\partial q_j}, \; \frac{\partial A}{\partial q_j}, \; \frac{\partial T}{\partial q_j} \right)^T \qquad (j = 1 \ldots 6)$$

die Verdrehung des Effektorkoordinatensystems, verursacht durch eine differentielle Änderung der Gelenkvariablen q_j, dar. Daraus wird deutlich, daß mittels geometrischer Beziehungen und der Kenntnis der Gelenkkoordinatensysteme die Jacobi-Matrix mit geringerem Aufwand berechnet werden kann als durch Bildung sämtlicher partieller Ableitungen. Die Elemente a_{ij} ($i = 1,2,3$; $j = 1..6$) der Jacobi-Matrix ergeben sich für ein rotatorisches Gelenk j zu

$$\begin{Bmatrix} a_{1j} \\ a_{2j} \\ a_{3j} \end{Bmatrix} = \underline{u}_j \times (\underline{p} - \underline{p}_j) \qquad (4.15)$$

für ein Schubgelenk j zu

$$\begin{Bmatrix} a_{1j} \\ a_{2j} \\ a_{3j} \end{Bmatrix} = \underline{u}_j \qquad (4.16)$$

Die Elemente a_{ij} ($i = 4,5,6$; $j = 1..6$) der Jacobi-Matrix ergeben sich für ein rotatorisches Gelenk j zu

$$\begin{Bmatrix} a_{4j} \\ a_{5j} \\ a_{6j} \end{Bmatrix} = J_w \, \underline{u}_j \qquad (4.17)$$

für ein Schubgelenk j zu

$$\begin{Bmatrix} a_{4j} \\ a_{5j} \\ a_{6j} \end{Bmatrix} = \underline{0} \qquad (4.18)$$

Dabei bedeuten:

$\underline{u}_j$ ... normierte Gelenkachse des j-ten Gelenks dargestellt im Bezugssystem

$\underline{p}$ ... Ortsvektor zum Ursprung des Effektorkoordinatensystems

$\underline{p}_j$ ... Ortsvektor zum Ursprung des j-ten Gelenkkoordinatensystems

J_W ... Matrix zur Transformation der Geschwindigkeiten des Drehvektors in die Winkelgeschwindigkeiten für die gewählte Orientierungsdefinition

Da die Sinus- und Cosinuswerte der Orientierungswinkel nur einmal und nicht für jeden Iterationsschritt bestimmt werden müssen, ergibt sich ein erheblich geringerer Rechenaufwand als bei der Auswertung der partiellen Ableitungen. Die Invertierung der Jacobi-Matrix erfolgt mit dem Gauß-Jordan-Algorithmus mit Pivotspaltensuche /45/. Die Singularität der Jacobi-Matrix kann dabei am Pivotelement erkannt werden. Der

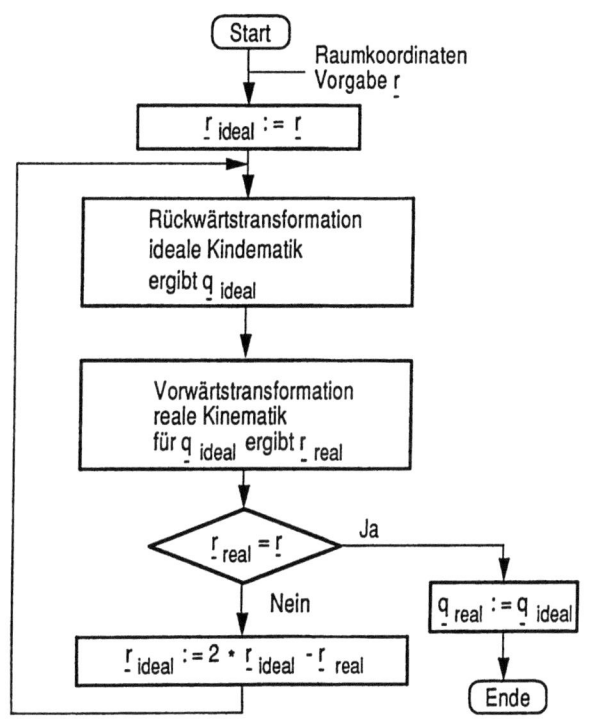

Bild 4.2: Rückwärtstransformation mit Newton-Raphson-Algorithmus

vollständige Algorithmus der Rückwärtstransformation ist in
Bild 4.2 dargestellt. Man erkennt, daß dieser Algorithmus
keine Kenntnis der Kinematik erfordert. Die Kinematik findet
dort indirekt über die Vorwärtstransformation und die Bestimmung der Jacobi-Matrix Eingang. Eine andere Möglichkeit
zur Lösung des linearen Gleichungssystems stellt die singuläre Wertezerlegung (SVD) dar. Diese Methode wird in Zusammenhang mit redundanten kinematischen Systemen im nächsten
Abschnitt behandelt.

4.2.2.2 Iterative Verfahren bei redundanten kinematischen Systemen

Bei redundanten kinematischen Systemen übersteigt die Zahl
der Gelenkfreiheitsgrade die Zahl der möglichen räumlichen
Freiheitsgrade des Endeffektors. Da es nur sechs Freiheitsgrade eines starren Körpers im Raum gibt, folgt daraus unmittelbar, daß jeder Roboter mit mehr als sechs Achsen zu
den redundanten kinematischen Systemen gehört. Wie das Beispiel in Bild 4.3 zeigt, existieren aber auch redundante
kinematische Systeme mit weniger als sechs Achsen. Der dargestellte Manipulatorarm besitzt 5 Achsen, verfügt aber nur
über 3 Freiheitsgrade der Bewegung.

Eingesetzt werden redundante kinematische Systeme z.B. zum
Umfahren von Hindernissen, wie bei dem dargestellten Prüfmanipulator, zur Einhaltung der Gelenkverfahrbereiche, zur Erweiterung des Arbeitsraums oder zur Vermeidung von singulären Stellungen. Im folgenden werden Kinematiken mit $m > 6$
Achsen betrachtet. Das dargestellte iterative Verfahren kann
aber auch auf Roboter mit $m \leq 6$ Achsen durch Reduzierung der
Zahl der Raumkoordinaten übertragen werden. Gleichung (4.6)
wird dann zu

$$T = A_1 A_2 A_3 A_4 A_5 A_6 \ldots A_m = \underline{f}_{VT}(q_1, q_2, \ldots, q_m) = \underline{r} \quad (4.19)$$

$$\underline{r} = (x, y, z, 0, A, T)^T$$

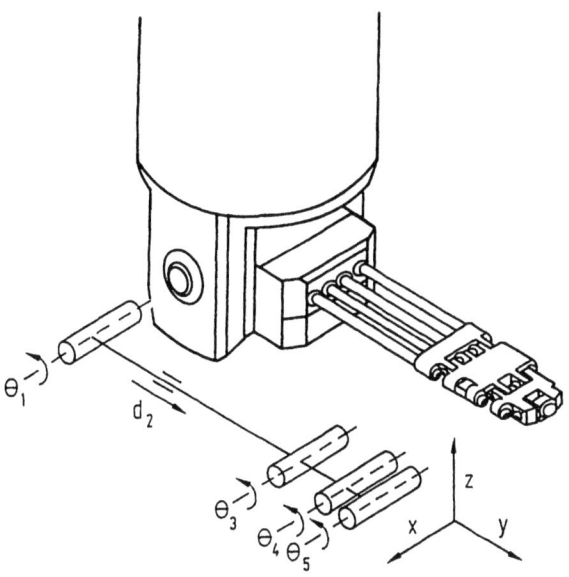

Bild 4.3: Roboter mit redundanter Kinematik

Für die Rückwärtstransformation stehen sechs Gleichungen für m > 6 Gelenkkoordinaten zur Verfügung, das Gleichungssystem ist also unterbestimmt. Dies hat zur Folge, daß eine unendliche Lösungsvielfalt für die Gelenkkoordinaten existiert, die durch zusätzliche Bedingungen eingeschränkt oder Optimierungskriterien unterworfen werden muß. Betrachtet man das Newton-Raphson-Verfahren für nicht redundante Kinematiken, so erkennt man in Gleichung (4.14), daß dort die Jacobi-Matrix invertiert werden muß. Für eine redundante Kinematik ergibt sich aber eine nicht quadratische Matrix. Eine gebräuchliche Methode zur Lösung von unterbestimmten Gleichungssystemen führt statt der Inversen J^{-1} die Pseudoinverse J^+, auch Moore-Penrose verallgemeinerte Inverse genannt, ein /46/. Die Pseudoinverse bestimmt sich zu

$$J^+ = J^T(JJ^T)^{-1}, \qquad (4.20)$$

was voraussetzt, daß JJ^T nicht singulär ist. Die Pseudoinverse kann mit dem Algorithmus der singulären Wertezerlegung

(SVD = Singular Value Decomposition) /47/ bestimmt werden.

Mit Verwendung von J^+ anstelle von J^{-1} kann nun das Newton-Raphson-Verfahren wieder angewendet werden:

$$\underline{q}_{n+1} = \underline{q}_n - J^+(\underline{q}_n)\,[\underline{f}_{VT}(\underline{q}_n) - \underline{r}] \qquad (4.21)$$

Die Verwendung von J^+ impliziert ein Optimierungskriterium, durch das die euklidische Norm $\underline{\dot{q}}^T \cdot \underline{\dot{q}}$ minimiert wird, d.h durch das Verfahren werden die Gelenkkoordinaten so berechnet, daß die Achsgeschwindigkeiten möglichst klein werden.

Eine ausführliche Beschreibung dieses Verfahrens und seine Anwendung zur Bewegungserzeugung bei einem Doppelarmrobotersystem findet sich in /48/.

4.2.3 Hybride Verfahren

Unter hybriden Verfahren werden hier alle Algorithmen verstanden, die zum Teil iterativ, zum Teil analytisch arbeiten. Dazu gehören sowohl Verfahren, die einen Teil der Gelenkvariablen iterativ lösen und den anderen Teil analytisch, als auch Verfahren die beispielsweise eine modifizierte Kinematik analytisch lösen und durch Iteration die Lösung für die reale Kinematik schrittweise annähern. Im folgenden werden die drei Verfahren

- Aufspaltung der Kinematik in zwei getrennt lösbare Teilaufgaben (Discrete Linkage Method)
- Lösung durch ähnliche Kinematik
- Methode des charakteristischen Gelenkpaares

untersucht.

4.2.3.1 Discrete Linkage Method

Das auf Milenkovic und Huang zurückgehende Verfahren /49/ zerlegt das Problem der Rückwärtstransformation in zwei Teilaufgaben. Dabei wird angenommen, daß eine Roboterkinematik in zwei Teilkinematiken zerlegt werden kann, wobei eine Hauptstruktur (major linkage) im wesentlichen für die Positionseinstellung des Endeffektors und eine Nebenstruktur (minor linkage) im wesentlichen für die Orientierungseinstellung verantwortlich sind. Tatsächlich trifft diese Einteilung in Haupt- und Handachsen auch auf viele Industrieroboter zu. Durch die Aufspaltung in zwei Teilkinematiken mit je drei Achsen ergeben sich zwei Gleichungssysteme mit je drei Unbekannten, die unabhängig voneinander gelöst werden können. Da sich die Teilkinematiken aber gegenseitig beeinflussen, verändert die Hauptstruktur die Orientierung und die Nebenstruktur die Position des Endeffektors. Eine Lösung für die Gesamtkinematik erhält man, indem wiederholt erst die Gelenkkoordinaten der Hauptstruktur berechnet werden, um die Verschiebungen, die durch die letzte Berechnung der Nebenstruktur erfolgt sind, zu kompensieren, und dann die Gelenkkoordinaten der Nebenstruktur berechnet werden, um die Verdrehungen, die inzwischen durch die Hauptstruktur erfolgt sind, wieder rückgängig zu machen. Das Konvergenzverhalten dieses Verfahrens hängt stark von den Längen der Arme in der Kinematik ab. Je kürzer die Handachsenabmessungen im Verhältnis zu den Armlängen der Hauptstruktur sind, umso besser ist die Konvergenz.

In /50/ wird dieses Verfahren verwendet, um für einen Knickarmroboter mit Winkelhand eine Rückwärtstransformation zu implementieren. In /51/ und in /52/ werden systematisch Lösungen für bestimmte Hauptachsenanordnungen und für Handachsenkonfigurationen untersucht. In /52/ werden beispielsweise Lösungen für 20 orthogonale Anordnungen der Hauptstruktur und eine Anordnung der Nebenstruktur angegeben.

Dieses Verfahren ist nur für beschränkte Klassen von Robotern anwendbar, das Konvergenzverhalten hängt von der Länge der Arme ab, von der Rechenzeit her liegt es aber deutlich unter den Werten, die beispielsweise das Newton-Raphson-Verfahren benötigt /53/.

4.2.3.2 Lösung durch ähnliche Kinematik

In /54/ wird ein Vorschlag gemacht, wie mechanische Fehler bei Robotern durch die Steuerungstechnik kompensiert werden können. Eine "ideale" Roboterkinematik aus einer Klasse von geschlossen lösbaren Kinematiken wird durch Fertigungsungenauigkeiten in den mechanischen Komponenten zu einer geschlossen nicht mehr lösbaren "realen" Kinematik. Durch eine

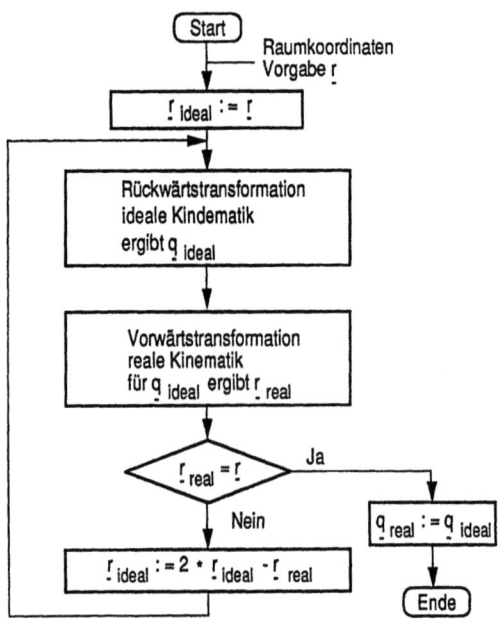

Bild 4.4: Algorithmus zur Korrektur der Raumkoordinaten

Korrektur der Raumkoordinaten ("correction in the task space") kann die Rückwärtstransformation für die reale Kinematik gelöst werden. In **Bild 4.4** ist ein iterativer Algorithmus für dieses Verfahren dargestellt. Benötigt wird die analytische Lösung der Rückwärtstransfomation für die ideale Kinematik und die Vorwärtstransformation der realen Kinematik. Bei kleinen Fehlern in der Kinematik genügt im allgemeinen ein Iterationsschritt.

Dieser Ansatz kann nun erweitert werden, indem für eine geschlossen nicht lösbare Kinematik eine "ähnliche" Kinematik, die geschlossen lösbar ist, bestimmt wird, und der obige Algorithmus verwendet wird.

4.2.3.3 Methode des charakteristischen Gelenkpaars

Die offene kinematische Kette des Roboters wird bei den bisher betrachteten Verfahren über die vorgegebene Stellung des Endeffektors geschlossen. Formuliert ist diese Bedingung in der Matrizengleichung (4.2), d.h. mit 12 nichtlinearen Gleichungen. Durch die Einführung der verallgemeinerten Koordinaten (x,y,z,O,A,T) ergeben sich sechs unabhängige Schließbedingungen. Die kinematische Schleife kann auch an anderen Stellen aufgetrennt werden und es können dafür Schließbedingungen formuliert werden. Aus der obigen Matrizengleichung entstehen dabei immer 12 Gleichungen, die nicht unabhängig sind, d.h. es werden unnötig viele Gleichungen aufgestellt und untersucht. Bei der Methode des charakteristischen Gelenkpaars, wie sie in /55/ veröffentlicht wurde, wird die kinematische Schleife nun nicht wie bei Paul an einem Körper aufgetrennt, sondern an zwei benachbarten Gelenken, d.h. der Verbindungskörper zweier Gelenke wird eliminiert (**Bild 4.5**). Zwischen diesen beiden Gelenken, charakteristisches Paar genannt, können maximal vier geometrische Schließbedingungen oder Bindungsgleichungen formuliert werden, die die Gelenkvariablen der beiden Gelenke nicht enthalten. Die Tatsache, daß die Gelenkvariablen der beiden Gelenke in den Schließbe-

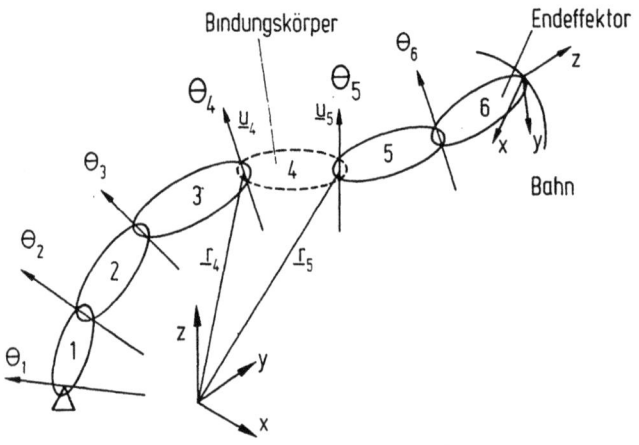

Bild 4.5: Schnitt der kinematischen Kette an zwei Gelenken

dingungen nicht vorkommen, ergibt sich aus der Möglichkeit, das erste Gelenkkoordinatensystem über die kinematische Kette von "vorne" und das zweite Gelenkkoordinatensystem über die Trajektorienmatrix und die kinematische Kette von "hinten" zu berechnen und aus der Verbindung der beiden Gelenke durch einen starren Körper. Die vier Schließbedingungen bilden ein Gleichungssystem zur Bestimmung der vier Gelenkvariablen außerhalb des charakteristischen Paars. Dieses Gleichungssystem, das als impliziter Kern bezeichnet wird, muß iterativ gelöst werden. Die verbleibenden zwei Gelenkkoordinaten können anschließend explizit bestimmt werden.

Im Vergleich mit dem Newton-Raphson-Verfahren aus Kapitel 4.2.2.1 ergibt sich eine (4,4)-Jacobi-Matrix, deren Invertierung erheblich weniger Rechenzeit benötigt. Dieses Beispiel stellt den schlechtesten Fall der Methode dar. Wie früher bereits erwähnt, muß man sich die kinematische Kette nicht unbedingt als aus einfachen Gelenken aufgebaut vorstellen. Es ist, abhängig von der Kinematik, auch möglich, zwei oder drei Gelenke zu einem höherwertigen Gelenk mit zwei oder drei Gelenkfreiheitsgraden zusammenzusetzen.

Beispiele dafür sind Kugelgelenke, Kardangelenke, Ebene Gelenke oder Dreh-Schubgelenke.

Werden nun diese höherwertigen Gelenke mit einbezogen, so wird die Anzahl der Bindungsgleichungen zwischen den beiden kinematischen Teilketten reduziert. Allgemein erhält man

$g = 6 - (f_i + f_j)$ f_i ... Freiheitsgrad des Gelenks i
f_j ... Freiheitsgrad des Gelenks j

Bindungsgleichungen, die iterativ gelöst werden müssen. Für ein Paar Kugelgelenk und Kardangelenk ergibt sich sogar

$g = 6 - (3 + 2) = 1$

lediglich eine Bindungsgleichung, die explizit gelöst werden kann, so daß in diesem Fall alle Gelenkvariablen explizit bestimmt werden können.

Die Bindungsgleichungen beschreiben geometrische Invarianten zwischen den beiden Gelenken, z.B. beim Paar Kugelgelenk-Kardangelenk den Abstand zwischen dem Schnittpunkt der drei Achsen des Kugelgelenks und dem Schnittpunkt der zwei Achsen beim Kardangelenk. Insgesamt werden fünf Typen von Bindungsgleichungen verwendet, die in **Bild 4.6** mit Beispielen dargestellt werden.

In einer späteren Arbeit /56/ wird die Methode noch insofern verallgemeinert, daß die beiden Gelenke des charakteristischen Paars nicht mehr benachbart sein müssen. Dadurch ergibt sich die Möglichkeit, kinematische Ketten mit zwei Gelenken, die zusammen fünf Freiheitsgrade haben, auch wenn sie durch ein einfaches Gelenk getrennt sind, explizit aufzulösen. In **Tabelle 4.2** sind die möglichen Gelenkpaare, die dazugehörigen Bindungsgleichungen und die explizite Auflösbarkeit dargestellt. Interessant ist ein Vergleich mit der **Tabelle 4.1**, in der die geschlossen lösbaren Roboterkonfigurationen nach Heiß dargestellt sind. Man erkennt, daß ledig-

Bindungsgleichung	geometrische Bedeutung
I $\underline{r}^2_{b,a'} - c_I = 0$	Konstanter Abstand zweier Punkte 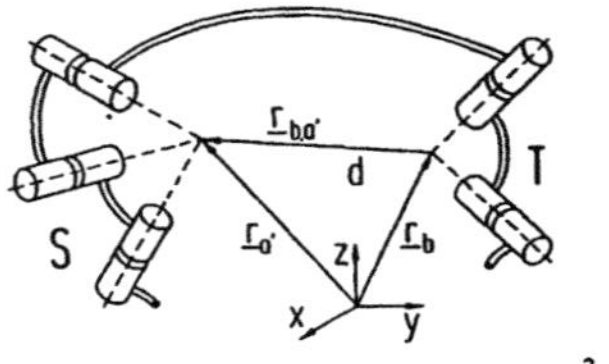 $c_I = d^2$
II $\underline{r}_{b,a'} \cdot \underline{u}_{a'} - c_{II} = 0$	Konstanter Abstand eines Punktes von einer Ebene 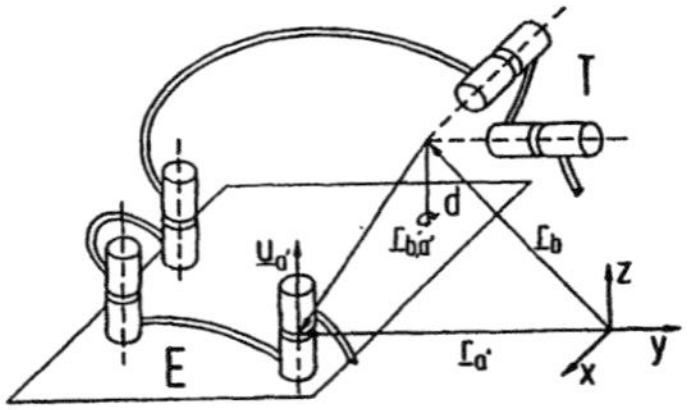 $c_{II} = d$

Bindungsgleichung	geometrische Bedeutung
III $(\underline{r}_{b,a'} \times \underline{u}_b)^2 - c_{III} = 0$	Konstanter Abstand eines Punktes von einer Gelenkachse 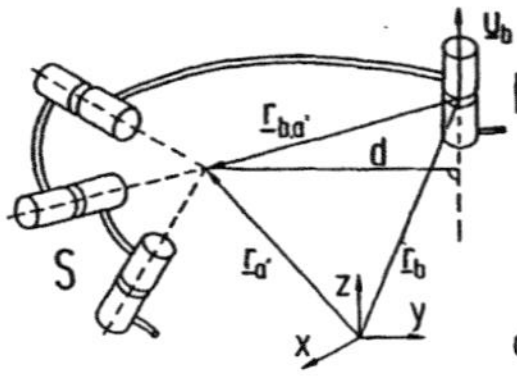 $c_{III} = d^2$
IV $\underline{u}_b \cdot \underline{u}_{a'} - c_{IV} = 0$	Konstanter Winkel zwischen zwei Gelenkachsen 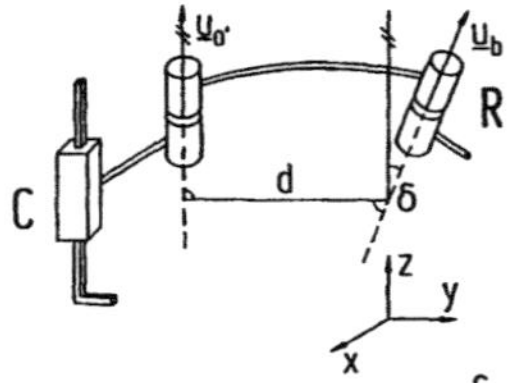 $c_{IV} = \cos\delta$
V $(\underline{u}_b \times \underline{u}_{a'}) \cdot \underline{r}_{b,a'} - c_V = 0$	Konstanter Abstand zwischen zwei Gelenkachsen (siehe Bild IV) $c_V = d \cdot \sin\delta$

Bild 4.6: Bindungsgleichungen und Beispiele

lich die Klassen 1, 2, 3 und 5 von der Methode des charakteristischen Gelenkpaars nicht vollständig erfaßt werden. Das bedeutet, daß für fast alle sgq-lösbaren Kinematiken bei einem Vorgehen nach Wörnle auch eine geschlossene Lösung erhalten wird.

Eine erste Implementierung des Algorithmus für einen sechsachsigen Roboter mit dem charakteristischen Paar Schubgelenk-Kugelgelenk hat ergeben, daß die Rechenzeiten ungefähr um den Faktor 3 höher waren als bei einer analytisch geschlossenen Lösung, aber auch um den Faktor 3.5 niedriger als bei einer rein iterativen Lösung mit dem Newton-Raphson-Verfahren /57/.

Wenn eine geschlossene Lösung erhalten wird, so ist der Algorithmus mit Gleichungen nach Wörnle nur unbedeutend langsamer als das Verfahren nach Paul /53/.

Gelenk a	Gelenk b	Bindungsgleichungen					vollständig explizit lösbar	Klasse nach Heiß
		I	II	III	IV	V		
S	S_R	1					ja	9
S	E_R		1				ja	8, 10, 12²⁾
S	C			1			ja¹⁾	3¹⁾
S	R	1	1					
S	P		2					
E	S_R	1					ja	4, 7, 11²⁾
E	E_R				1		ja	6
E	C				1		ja	1, 2, 5²⁾
E	R	1			1			
E	P				2			
C	C				1	1		
C	R		1		1	1		
C	P				2	1		
R	R	1	2		1			
R	P		2		2			
P	P				3	1		

¹⁾ wenn das verbleibende Gelenk ein Schubgelenk ist
²⁾ je nach Art des Ebenengelenks und der Art des verbleibenden Gelenks

Tabelle 4.2: Gelenkpaare und Bindungsgleichungen /56/

4.3 Vergleich und Bewertung der Verfahren zur Rückwärtstransformation

In Tabelle 4.3 werden die in Kapitel 4.2 analysierten Verfahren zur Rückwärtstransformation bewertet. Stellvertretend für alle expliziten Verfahren wird die Methode von Mehner aufgeführt, da sie aufgrund ihres systematischen Ansatzes am ehesten das Kriterium der Automatisierbarkeit erfüllt. Vorteilhaft bei dieser Methode ist ferner die Möglichkeit zur Erkennung singulärer und unerreichbarer Stellungen. Unerreichbare Stellungen werden, wie bei allen expliziten Verfahren, am Auftreten nicht erfüllbarer Gleichungen, wie z.B. Wurzel aus negativem Argument, arc cos gleich einer Zahl größer 1 usw., erkannt. Für singuläre Stellungen ergeben sich unbestimmte Ausdrücke, wie z.B. arc tan 0/0. Dies ist gleichzeitig ein Nachteil aller anderen Verfahren, mit Ausnahme der Methode des charakteristischen Gelenkpaares für die explizit lösbaren Gelenkvariablen. Unerreichbare Stellungen äußern sich durch Divergenz des Näherungsverfahrens. Ebenso tritt bei den iterativen Verfahren in der Umgebung singulärer Stellungen der Kinematik zumeist ein schlechtes Konvergenzverhalten des Algorithmus auf.

Die expliziten Verfahren sind, wie schon aufgeführt, nur für eine beschränkte Klasse von Kinematiken geeignet. Auch für redundante Kinematiken sind sie nur eingeschränkt anwendbar, indem beispielsweise einzelne Gelenkvariablen mit einem lokalen Optimierungskriterium bestimmt werden und die verbleibende, nicht redundante Kinematik explizit gelöst wird. Ein allgemeiner Ansatz zur globalen Optimierung aller Gelenkvariablen, z.B. die Minimierung aller Achsgeschwindigkeiten, ist nicht realisierbar.

Wie aus Tabelle 4.2 weiter ersichtlich ist, sind die hybriden Verfahren "Discrete Linkage" und "Lösung durch ähnliche Kinematiken" weder universell anwendbar noch bieten sie sonstige besondere Vorteile. Sie sind deshalb für ein para-

Verfahren \ Kriterium	Universalität Kinematik explizit lösbar	Universalität Kinematik explizit nicht lösbar	Kinematik redundant	geringe Rechenzeit	Erkennung von unerreichb. Stellungen	Erkennung von singulären Stellungen	Automatisierbarkeit	geringer Implementierungsaufwand
Methode von Mehner	●	○	◐	●	●	●	●	○
Discrete Linkage	◐	◐	◐	◐	○	○	○	●
ähnliche Kinematik	●	◐	◐	◐	○	○	○	○
char. Gelenkpaar	●	●	●	◐	●	◐	●	◐
Newton-Raphson-Verfahren	●	●	●	○	○	○	●	●

● Kriterium erfüllt ◐ Kriterium teilweise erfüllt ○ Kriterium nicht erfüllt

<u>Tabelle 4.3:</u> Vergleich der Verfahren zur Rückwärtstransformation

metrierbares Kinematikmodul für modulare Roboter nicht geeignet.

Die beiden in der Tabelle 4.3 zuletzt aufgeführten Verfahren erfüllen als einzige das Kriterium der universellen Anwendbarkeit auf alle Kinematiken. Das Newton-Raphson-Verfahren ist dabei einfach zu implementieren und wurde deshalb bei der grafischen Simulation von Roboterbewegungen in einem Off-line-Programmiersystem verwendet. Wegen des hohen Rechenzeitbedarfs dieses Verfahrens wurde für On-line-Anwendungen in der Steuerung einer Implementierung der Methode des charakteristischen Gelenkpaars der Vorzug gegeben. Der besondere Vorteil dieser Methode liegt darin, daß für fast alle explizit lösbaren Kinematiken der Algorithmus auch eine explizite Lösung liefert. Auch bei nicht explizit lösbaren Kinematiken wird eine geringere Rechenzeit benötigt als beim Newton-Raphson-Verfahren angewandt auf die sechs unabhängigen Gleichungen für die verallgemeinerten Koordinaten.

5 Parametrierbares Kinematikmodul für eine Steuerung für modulare Roboter

5.1 Übersicht

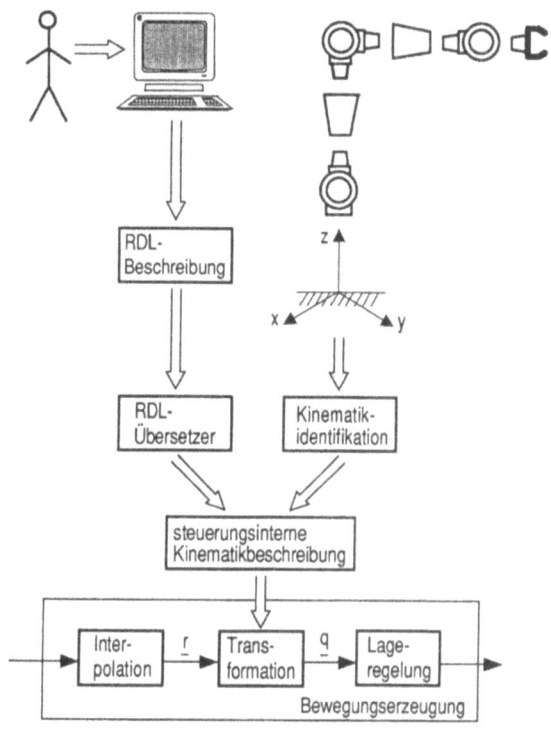

Bild 5.1: Grobstruktur mit parametrierbarem Kinematikmodul

Eine Steuerung für modulare Roboter benötigt, wie in Kapitel 2.3.3 dargelegt, ein Programmodul, das eine Anpassung der Steuerung an die jeweilige Kinematik eines aus dem Baukastensystem aufgebauten Roboters erlaubt. In Bild 5.1 ist die Grobstruktur eines Systems mit steuerungsintegriertem, parametrierbarem Kinematikmodul dargestellt. Zur Generierung des steuerungsinternen Kinematikmodells sind zwei alternative Pfade eingezeichnet. Ein Pfad geht von der manuellen Eingabe der Kinematik in der Roboterbeschreibungssprache RDL (Robot Description Language) aus. Ein Compiler erzeugt aus der Beschreibung in RDL die steuerungsinterne Roboterbeschreibung /58/. Diese Alternative ist bereits realisiert und findet auch außerhalb der Steuerung bei der Auslegung modularer Roboter Verwendung. Der zweite Pfad, der sich noch in der Entwurfsphase befindet, ist zur vollständig automatisierten Inbetriebnahme eines Roboters aus modularen Komponenten erforderlich. Zugrunde liegt dabei eine dezentrale Steuerungsstruktur gemäß **Bild 3.3** mit in die Gelenk- bzw. Achsverbindungselemente integrierten Steuerungsteilen. In den dezentralen Steuerungsteilen muß dabei eine Beschreibung der kinematischen Funktion und Abmessungen hinterlegt sein. Bei einer Neu- oder Umkonfigurierung des Roboters wird die in den Komponenten gespeicherte Information an den zentralen Steuerungsteil übertragen. Ein Programm zur Kinematikidentifikation generiert daraus und aus der Reihenfolge der Module die Kinematikbeschreibung des gesamten Roboters.

Die steuerungsinterne Kinematikbeschreibung basiert im wesentlichen auf homogenen Matrizen. Für eine Realisierung der Rückwärtstransformation mit dem Newton-Raphson-Verfahren für die sechs unabhängigen Gleichungen der verallgemeinerten Koordinaten ist diese Beschreibung bereits ausreichend und bedarf keiner weiteren Aufbereitung /59/. Bei einer Implementierung der Methode des charakteristischen Gelenkpaares dagegen ist eine tiefergehende Analyse der Kinematik, die Berechnung zusätzlicher Werte und die Erzeugung weiterer Datenstrukturen erforderlich.

Im folgenden werden die Kinematikbeschreibung mit RDL, die Erstellung einer steuerungsinternen Beschreibung und die Analyse der Kinematik näher erläutert, bevor auf die implementierten Algorithmen zur Vorwärts- und Rückwärtstransformation näher eingegangen wird.

5.2 Robotermodellierung mit RDL

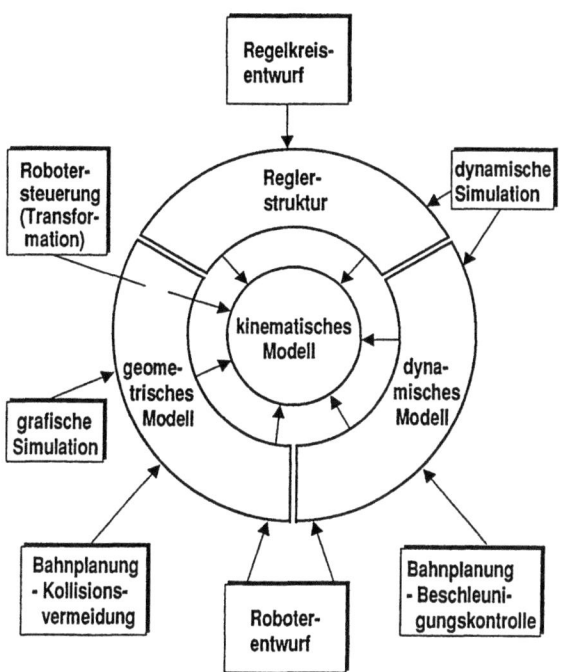

Bild 5.2: Robotermodell mit verschiedenen Anwendungen

Für eine Vielzahl von Aufgaben innerhalb der Robotertechnik ist ein Modell der kinematischen Kette, d.h. eine Darstellung der Art und Anzahl der Robotergelenke sowie ihrer Verbindung durch Arme, erforderlich. Die Kenntnis der Kinematik wird nicht nur innerhalb von Bahnsteuerungen zur Erzeugung von Geraden- und Kreisbewegungen im Raum benötigt, sondern auch bei der Off-line-Roboterprogrammierung zur grafischen Simulation von Verfahrbewegungen und bei Programmen zur rechnerunterstützten Konstruktion von Robotern zur Bestimmung des Arbeitsraumes und von Antriebskenngrößen. Für die zuletzt genannte Anwendung ist darüber hinaus die Möglichkeit zu Modifikationen des kinematischen Modells erforderlich, um die für den jeweiligen Anwendungsfall günstigste Roboterstruktur bestimmen zu können. Neben dem Modell der Kinematik erfordern die genannten Anwendungen zumeist weitere Kenntnisse über den Aufbau des Roboters. Zur grafischen Simulation ist ein geometrisches Modell, d.h. eine Modellierung der Gelenke und Arme erforderlich, zur dynamischen Simulation wird die Kenntnis der Massen und ihrer Verteilung sowie der Antriebsmomente und weiterer Antriebskenngrößen benötigt. Bei modernen Regelverfahren wird die Kinematik zusammen mit der Dynamik zur Darstellung des inversen Modells verwendet.

Statt für jede dieser Anwendungen ein zugeschnittenes, genau die benötigten Daten enthaltendes Modell zu erstellen, wurde zur Arbeitsersparnis und aus Gründen der Datenkonsistenz, ein einheitliches Modell verwendet. Kernstück dieses Modells ist die Kinematik des Roboters (Bild 5.2). Zur Erstellung eines solchen Modells wurde die Sprache RDL entwickelt.

5.2.1 Kinematikbeschreibung mit RDL

Eine Definition von RDL mit vollständiger Syntax und Semantik würde den Rahmen dieser Arbeit sprengen. Deshalb werden lediglich exemplarisch einige wenige Sprachelemente von RDL mittels Syntaxgraphen angegeben und beschrieben, ohne einen Anspruch auf Vollständigkeit erfüllen zu können. In Bild 5.3 werden die Terminalsymbole in runden Kästchen, Nonterminalsymbole werden in rechteckigen Kästchen wiedergegeben. Der Bezeichner hinter dem Sprachelement ROBOT ist der Name des Roboters. In der optionalen Parameterliste werden Bezeichner definiert, die später ohne Festlegung eines Zahlenwertes als Parameter verwendet werden können. In der Worldbeschreibung können Angaben zu den Raumkoordinaten gemacht werden, insbesondere kann die Definition der Orientierungswinkel spezifiziert werden. Anschließend können optional Angaben zu den Antrieben des Roboters gemacht werden. Dies ist notwendig, wenn Verkopplungen zwischen Gelenkantrieben vorhanden sind,

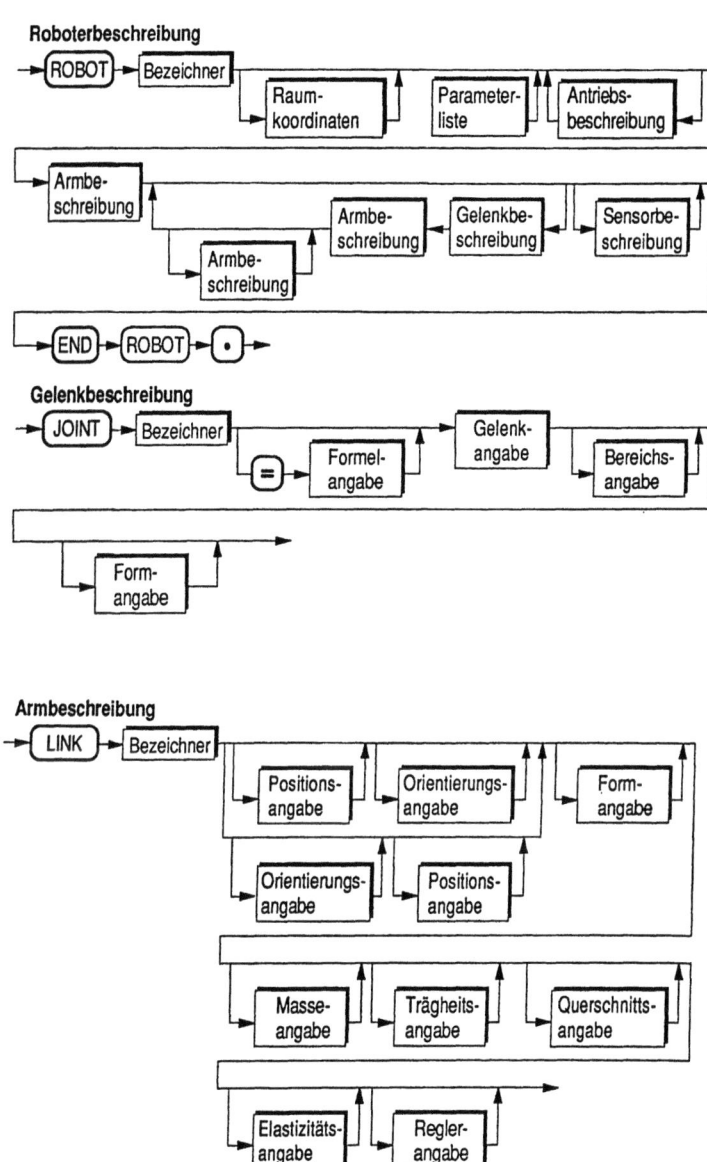

Bild 5.3: RDL-Syntaxgraphen

wie es z.B. bei den Dreh-Schwenk-Modulen des Roboterbaukastens der Fall ist. Eine Armbeschreibung definiert einen Roboterarm und gleichzeitig den Übergang von einem Gelenkkoordinatensystem zum nächsten. Die Gelenkbeschreibung definiert ein Gelenk. Aus dem Syntaxgraphen geht hervor, daß das erste und das letzte Element der kinematischen Kette eine Armbeschreibung sein muß, und daß auf jede Gelenkdefinition wieder mindestens ein Arm (Link) folgen muß. Zur Beschreibung eines Roboterarms können optional Positionsangabe, Orientierungsangabe, Formangabe, Masseangabe und Massewert verwendet werden. Positionsangabe und Orientierungsangabe beschreiben die Verschiebung und die Verdrehung des auf den Arm folgenden Gelenkkoordinatensystems gegenüber dem vorhergehenden. Erfolgt keine Positionsangabe, so bedeutet dies, daß die zwei aufeinanderfolgenden Gelenkkoordinatensysteme denselben Ursprung besitzen. Entfällt die Orientierungsangabe, so sind die zwei aufeinanderfolgenden Gelenkkoordinatensysteme gleich orientiert. Die Reihenfolge von Positionsangabe und Orientierungsangabe ist von Bedeutung, da die Transformationen von Koordinatensystemen nicht kommutativ sind. Die Formangabe legt für die grafische Simulation der Roboterbewegungen die Geometrie des Armes fest. Der Bezeichner verweist auf eine Datei, in der dann nähere Angaben enthalten sind. Masseangabe und Massewert definieren die geometrische Lage und Größe der Masse des zugehörigen Armes. In der Gelenkbeschreibung wird ein Gelenk spezifiziert. Nach dem Namen des Gelenks kann mittels einer einfachen Formel eine Verkopplung von Antrieben beschrieben werden,

z.B. JOINT DREHEN_1 = 0.5 * MOTOR_1 + 0.5 * MOTOR_2.

Anschließend wird angegeben, ob es sich um ein Dreh- (ROTATION) oder um ein Schubgelenk (TRANSLATION) handelt, und welche Achse des Gelenkkoordinatensystems die Dreh- bzw. Schubachse ist. Das Vorzeichen bestimmt die positive Dreh- bzw. Verschieberichtung der Gelenkvariablen. Mit der Bereichsangabe wird der Dreh- bzw der Verfahrbereich des Gelenks festgelegt.

```
ROBOT DO_ROB

LINK L1                              JOINT J4
  POSITION (Y = 0.2)                   ROTATION X+
  FORM = Q8                            RANGE FROM 0 TO 180
                                       FORCE = 60
JOINT J1
  ROTATION Y+                        LINK L5
  RANGE FROM -180 TO +180              POSITION (Y = 0.4)
  FORCE = 400                          FORM = Q8
                                       MASS = 5 AT (Y = 0.2)
LINK L2
  POSITION (Y = 0.2)                 JOINT J5
  FORM = Q1                            ROTATION X+
  MASS = 60 AT (Y = 0.2)               RANGE FROM 0 TO 180
                                       FORCE = 30
JOINT J2
  ROTATION X+                        LINK L6
  RANGE FROM 0 TO 180                  POSITION (Z = 0.1)
  FORCE = 400                          FORM = Q8
                                       MASS = 6 AT (Z = 0.1)
LINK L3
  POSITION (Y = 0.2)                 JOINT J6
  FORM = Q9                            ROTATION Z+
  MASS = 5 AT (Y = 0.1)                RANGE FROM 0 TO 180
                                       FORCE = 30
JOINT J3
  ROTATION Y+                        LINK L7
  RANGE FROM 0 TO 180                  POSITION (Z = 0.1)
  FORCE = 60                           FORM = Q8
                                       MASS = 5 AT (Z= 0.1)
LINK L4
  POSITION (Y = 0.2)                 END ROBOT.
  FORM = Q7
  MASS = 12 AT (Y= 0.2)
```

<u>Bild 5.4:</u> Beispiel einer RDL-Beschreibung

In <u>Bild 5.4</u> ist eine beispielhafte Roboterbeschreibung mittels RDL angegeben. Die Definition der Gelenkkoordinatensysteme hierzu zeigt <u>Bild 5.5</u>.

- 78 -

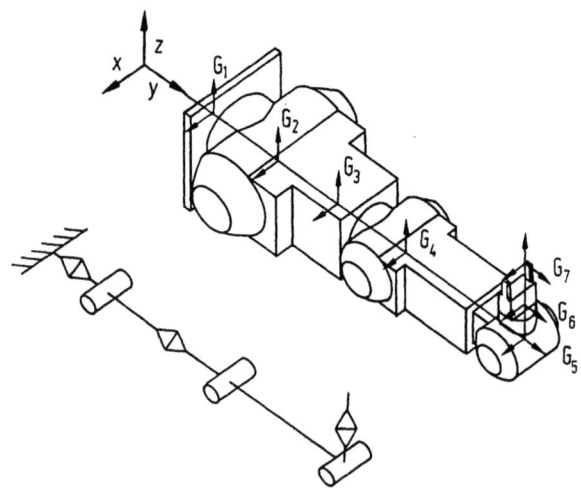

Bild 5.5: Definition von Gelenkkoordinatensystemen

5.2.2 Generierung des steuerungsinternen kinematischen Modells

Die Roboterbeschreibung mittels RDL liegt in Form einer Textdatei vor. Sie wird entweder interaktiv mit einem Texteditor erstellt oder automatisch, z.B. als Ergebnis eines Auslegungsprogramms für modulare Roboter /4/, erzeugt.

Da die textuelle Darstellung einerseits fehlerhaft sein kann und andererseits auch keine optimale Verarbeitbarkeit im Rechner erlaubt, wird die RDL-Beschreibung auf syntaktische Korrektheit geprüft und anschließend in eine rechnerinterne Darstellung umgewandelt. Diese Darstellung mittels einer Datenstruktur wird von den Programmen, die die Roboterbeschreibung als Eingabe benötigen, verwendet.

Die syntaktische Analyse der RDL-Beschreibung ist realisiert durch einen Compiler basierend auf der Methode des rekursiven Abstiegs /60/. Für syntaktisch korrekte Roboterbeschreibungen wird eine Datenstruktur, bestehend aus einer verketteten Liste generiert.

Diese Datenstruktur repräsentiert vollständig die RDL-Beschreibung und enthält zusätzlich in jedem Listenelement den Platz für eine homogene Matrix. In einem nachgeschalteten Programm wird die Semantik der RDL-Beschreibung analysiert und zu jedem Listenelement die zugehörige homogene Matrix aufgestellt. Für ein Element vom Typ JOINT ergibt sich eine homogene Matrix, die die Rotation bzw. Translation des Gelenks beschreibt, dabei bestimmt die Achsrichtung die Vorzeichen bei den Matrizenelementen mit. Für ein Element vom

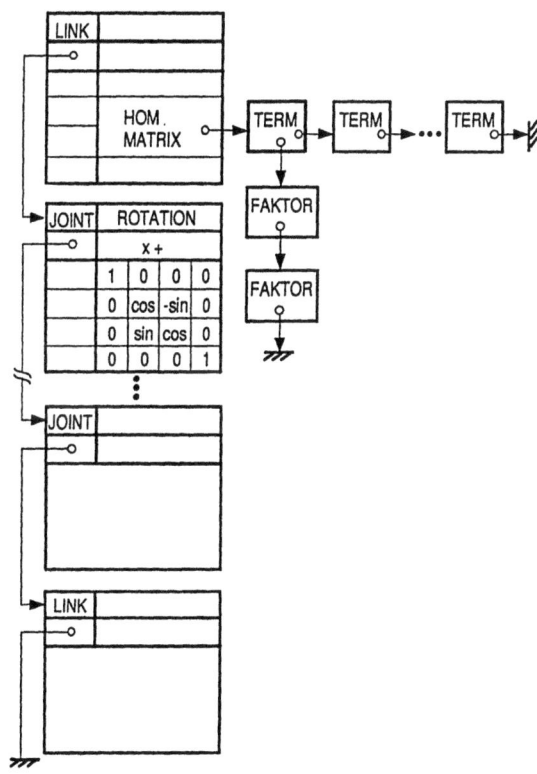

Bild 5.6: Datenstruktur der Kinematikbeschreibung

Typ LINK bestimmt sich die homogene Matrix entsprechend den Positions- und Orientierungsänderungen durch Hintereinanderausführung mehrerer Rotationen bzw. Translationen.

Wenn in der RDL-Beschreibung neben Zahlenwerten auch Parameter verwendet wurden, so ergeben sich als Matrizenelemente symbolische algebraische Ausdrücke (Formeln), die als verkettete Listen von Termen dargestellt werden, wobei die Terme wiederum aus verketteten Listen von Faktoren bestehen (Bild 5.6). Die Kinematik des Roboters wird also repräsentiert durch eine Aufeinanderfolge von homogenen Matrizen. Die Matrizen zu den Gelenkverbindungen enthalten entweder Zahlenwerte oder Formeln aus Zahlenwerten und Parametern, die Matrizen zu den Gelenken enthalten Variable (bei Schubgelenken) oder den Sinus bzw. Cosinus der Gelenkvariable (bei Drehgelenken).

5.3 Analyse der Kinematik

Die Kinematikanalyse ist programmtechnisch Bestandteil des Transformationsmoduls in der Steuerung. Sie kann in drei Phasen

- Bildung höherwertiger Gelenke,
- Bestimmung des charakteristischen Gelenkpaars,
- Berechnung von Invarianten

unterteilt werden.

Diesen Phasen geht eine Initialisierungsphase voraus, die beim Einschalten der Steuerung oder beim Ändern von Maschinenparametern durchlaufen wird. Diese Reihenfolge ist notwendig, da erst zu diesem Zeitpunkt alle Parameter aus der RDL-Beschreibung, wie z.B. Achslängen, durch die realen Werte für den Roboter substituiert werden können. Nun können die symbolischen Formeln in den homogenen Matrizen der Links evaluiert werden, und es entstehen rein numerische Matrizen, die einfacher manipuliert werden können.

5.3.1 Initialisierungsphase

Bei der Eingabe einer Kinematikbeschreibung mit RDL sind die Gelenkkoordinatensysteme weitgehend frei wählbar. Für die interpretative Abarbeitung der Kinematikbeschreibung ist es dagegen günstiger, wenn nur Translationen und Rotationen um eine Achse, z.B. die Z-Achse des Gelenkkoordinatensystems, vorkommen. Es gibt weniger Fallunterscheidungen, der Programmfluß wird einfacher und als Ergebnis entsteht eine Verbesserung der Rechenzeiteffizienz.

Aus diesem Grund wird in der Initialisierungsphase die gesamte Kinematikbeschreibung so transformiert, daß alle Gelenkrotationen und -translationen um die Z-Achse des jeweiligen Gelenkkoordinatensystems erfolgen, d.h. die Gelenkkoordinatensysteme werden neu festgelegt und die Linkmatrizen entsprechend neu berechnet. Die Ursprünge der Gelenkkoordinatensysteme bleiben unverändert, die X-Achsen werden in Richtung der gemeinsamen Normalen zwischen der Z-Achse des vorhergehenden Koordinatensystems und der Gelenkachse gewählt. Diese Optimierung bringt nicht nur bei der Methode des charakteristischen Gelenkpaares Vorteile, sondern führt ganz allgemein bei der Vorwärtstransformation zu Rechenzeitersparnis.

In der Gleichung der Vorwärtstransformation mit Gelenk- und Armmatrizen

$$T_6 = D_{L1} \, D_{J1} \, D_{L2} \cdots D_{Ji-1} \, D_{Li} \, D_{Ji} \, D_{Li+1} \cdots D_{L6} \, D_{J6} \, D_{L7}$$

(5.1)

beschreibt D_{Li} den Übergang vom Gelenkkoordinatensystem i-1 zum Gelenkkoordinatensystem i. Daraus ergibt sich, daß D_{Li} geändert werden muß, wenn das Gelenkkoordinatensystem i verändert wird. D_{Li} wird ersetzt durch $D'_{Li} = D_{Li} T_i$. T_i beschreibt die Transformation vom Gelenkkoordinatensystem aus der RDL-Beschreibung zum neuen Gelenkkoordinatensystem entsprechend obengenannter Konventionen.

Konstruktive Bestimmung der neuen Linkmatrix D'_{Li}:

1) Aufstellung einer Drehmatrix D entsprechend der Tabelle:

Gelenkachse aus RDL	Drehmatrix D
X+	Drehung um Y um $90°$
X-	Drehung um Y um $-90°$
Y+	Drehung um X um $-90°$
Y-	Drehung um X um $90°$
Z+	Einheitsmatrix E
Z-	Drehung um X um $180°$

2)
$$H = D_{Li} D = \begin{pmatrix} \underline{n} & \underline{o} & \underline{a} & \underline{p} \\ & & & \\ 0 & 0 & 0 & 1 \end{pmatrix}$$

H ist ein Zwischenergebnis, bei dem der Vektor $\underline{a}$ die Gelenkachse des Gelenks i angegeben im Gelenkkoordinatensystem i-1 darstellt

3) Berechnung der X-Achse vom Gelenkkoordinatensystem i

$$\underline{n} := \begin{pmatrix} 0 \\ 0 \\ 1 \end{pmatrix} \times \underline{a}$$

$$\underline{n} := \frac{\underline{n}}{|\underline{n}|}$$

4) Berechnung der Y-Achse vom Gelenkkoordinatensystem i

$\underline{o} := \underline{n} \times \underline{a}$

$\underline{o} := \dfrac{\underline{o}}{|\underline{o}|}$

5) $\underline{n}$ und $\underline{o}$ in H eingesetzt ergibt D'_{Li}.

Für die Transformation T_i ergibt sich $T_i = D_{Li}^{-1} D'_{Li}$. Da das folgende Gelenkkoordinatensystem i+1 im System i definiert ist, muß die Transformation T_i in der Vorwärtstransformationsgleichung anschließend wieder rückgängig gemacht werden

$D_{Ji-1}\ D_{Li}\ D_{Ji}\ D_{Li+1}\ D_{Ji+1}$
$= D_{Ji-1}\ D'_{Li}\ D'_{Ji}\ T_i^{-1}\ D_{Li+1}\ D_{Ji+1}$ (5.2)

mit $D'_{Li} = D_{Li}\ T_i$ und $D_{ji} = E_i = D'_{Ji}$ (gültig in Grundstellung).

5.3.2 Bildung höherwertiger Gelenke

Wie in 4.2.3.3 dargelegt, besteht ein Grundgedanke der Methode des charakteristischen Gelenkpaares in der Zusammenfassung von einfachen Gelenken zu Gelenken mit zwei oder drei Freiheitsgraden. In **Tabelle 5.1** sind alle Gelenktypen, die bei diesem Verfahren verwendet werden, zusammengestellt. Ein parametrierbares Kinematikmodul, wie es im Entwurfsziel gefordert wird, muß einen Suchalgorithmus beinhalten, der aus der Kinematikbeschreibung automatisch die eventuell vorhandenen mehrwertigen Gelenke extrahiert. Die Relation aufeinanderfolgender Gelenkachsen, dargestellt durch die normierten Vektoren $\underline{u}_1$ und $\underline{u}_2$, kann mittels einiger einfacher Kriterien überprüft werden:

- Zwei Gelenkachsen sind parallel
  ↔ $\underline{u}_1 \cdot \underline{u}_2 = \pm 1$
- Zwei Gelenkachsen sind orthogonal
  ↔ $\underline{u}_1 \cdot \underline{u}_2 = 0$

- Zwei Gelenkachsen sind parallel und nicht identisch
  $\leftrightarrow (\underline{u}_1 \cdot \underline{u}_2 = \pm 1) \wedge (h \neq 0)$
- Zwei Gelenkachsen schneiden sich
  $\leftrightarrow (\underline{u}_1 \cdot \underline{u}_2 \neq \pm 1) \wedge (h = 0)$

Dabei ist $h = h_{1,2}$ der Abstand zwischen den beiden Gelenkachsen.

Gelenktyp	Aufbau	Abkürzung	Freiheitsgrad	Gewichtung	
Drehgelenk (rotatorisch)	R	R	1	4	
Schubgelenk (prismatisch)	P	P	1	0	
Kardangelenk	R-R	T	2	14	
reduziertes Ebenes Gelenk	R-R	ER_I	2	14	
	R-P, P-R	ER_{II}	2	12	
	P-P	ER_{III}	2	10	
Dreh-Schub-Gelenk	R-P, P-R	C	2	12	
Ebenes Gelenk	R-R-R	E_I	3	104	
	R-R-P, R-P-R, P-R-R	E_{II}	3	102	
	R-P-P, P-R-P, P-P-R	E_{III}	3	100	
Kugelgelenk	R-R-R	S	3	104	

Tabelle 5.1: Typen von Gelenken

Der oben genannte Suchalgorithmus wurde zweistufig realisiert. In einer ersten Stufe werden alle vorhandenen zweiwertigen Gelenke entsprechend Tabelle 5.2 bestimmt. Die zweite Stufe stellt dann entsprechend Tabelle 5.3 fest, ob zwei zweiwertige Gelenke, die ein Gelenk gemeinsam haben, ein dreiwertiges Gelenk bilden.

Gelenk 1	Gelenk 2	zweiwertiges Gelenk	Bedingungen
R	R	T	$(\underline{u}_1 \cdot \underline{u}_2 \neq \pm 1) \wedge (h = 0)$
R	R	ER_I	$(\underline{u}_1 \cdot \underline{u}_2 = \pm 1) \wedge (h \neq 0)$
R	P	ER_{II}	$\underline{u}_1 \cdot \underline{u}_2 = 0$
R	P	C	$\underline{u}_1 \cdot \underline{u}_2 = \pm 1$
P	R	ER_{II}	$\underline{u}_1 \cdot \underline{u}_2 = 0$
P	R	C	$\underline{u}_1 \cdot \underline{u}_2 = \pm 1$
P	P	ER_{III}	$\underline{u}_1 \cdot \underline{u}_2 \neq \pm 1$

Tabelle 5.2: Bildung von Gelenken mit Freiheitsgrad 2

Gelenk 1	Gelenk 2	Gelenk 3	Gelenk 1-2	Gelenk 2-3	dreiwertiges Gelenk	zusätzliche Bedingung
R	R	R	T	T	S	$h_{1,3} = 0$
R	R	R	ER_I	ER_I	E_I	
R	R	P	ER_I	ER_{II}	E_{II}	
R	P	R	ER_{II}	ER_{II}	E_{II}	$\underline{u}_1 \cdot \underline{u}_3 = \pm 1$
P	R	R	ER_{II}	ER_I	E_{II}	
R	P	P	ER_{II}	ER_{III}	E_{III}	$\underline{u}_1 \cdot \underline{u}_3 = 0$
P	R	P	ER_{II}	ER_{II}	E_{III}	$\underline{u}_1 \cdot \underline{u}_3 \neq \pm 1$
P	P	R	ER_{III}	ER_{II}	E_{III}	$\underline{u}_1 \cdot \underline{u}_3 = 0$

Tabelle 5.3: Bildung von Gelenken mit Freiheitsgrad 3

An dieser Stelle kann nun bereits festgestellt werden, ob eine vollständig explizite Lösung mit der Methode des charakteristischen Gelenkpaars möglich ist. Wenn dies nicht der Fall ist, wird untersucht, ob die Kinematik in die Klassen 1, 2, 3 oder 5 gemäß der Klassifizierung von /40/ fällt:

1	3 P-Gelenke
2	2 P-Gelenke und ER_I-Gelenk
3	2 P-Gelenke und S-Gelenk
5	1 P-Gelenk und E_I-Gelenk

Dies sind die einzigen Klassen von explizit lösbaren Kinematiken, die mit der Methode des charakteristischen Gelenkpaars nicht abgedeckt werden. Durch diese zusätzliche Untersuchung wird sichergestellt, daß tatsächlich alle explizit lösbaren Kinematiken auch explizit gelöst werden.

Ergibt sich, daß keine explizite Lösung möglich ist, so werden die Kardangelenke und die reduzierten Ebenen Gelenke wieder eliminiert. Diese Gelenktypen sind nur in Kombination mit einem dreiwertigen Gelenk (siehe <u>Tabelle 5.3</u>) zur Erreichung der vollständig expliziten Auflösbarkeit sinnvoll. Diese Tatsache soll am Beispiel eines charakteristischen Paars Kardangelenk - Kardangelenk verdeutlicht werden. Mögliche Bindungsgleichungen für dieses Gelenkpaar stellen die Gleichungstypen I und IV dar, siehe <u>Bild 4.6</u>. Der Gleichungstyp I wird auch beim Paar Kardangelenk - Kugelgelenk verwendet und stellt kein Problem dar. Der Gleichungstyp IV dagegen enthält das Skalarprodukt aus den jeweils innen liegenden Gelenkachsen der beiden Kardangelenke. Diese Gelenkachsen müssen ohne Verwendung der zum charakteristischen Paar gehörenden Gelenkvariablen ausgedrückt werden. Dies ist für die Anordnung in <u>Bild 5.7</u> durch die Beziehung

$$\underline{u}_{a+1} = \frac{\underline{r}_{b,a'} \times \underline{u}_{a'}}{|\underline{r}_{b,a'} \times \underline{u}_{a'}|} \qquad (5.3)$$

möglich. Wie leicht erkennbar ist, stellt eine Stellung, in der die Gelenkachse $\underline{u}_{a'}$ die gleiche Richtung wie der Vektor $\underline{r}_{b,a'}$ hat, keine degenerierte oder singuläre Stellung für diese Kinematik dar. Die Berechnung des Vektors $\underline{u}_{a+1}$ ist jedoch nicht mehr möglich und das Verfahren würde für diesen Fall versagen. Dies ist wohl der Grund, weshalb die Kardangelenke in /56/ nicht mehr isoliert vorkommen, obwohl sie in

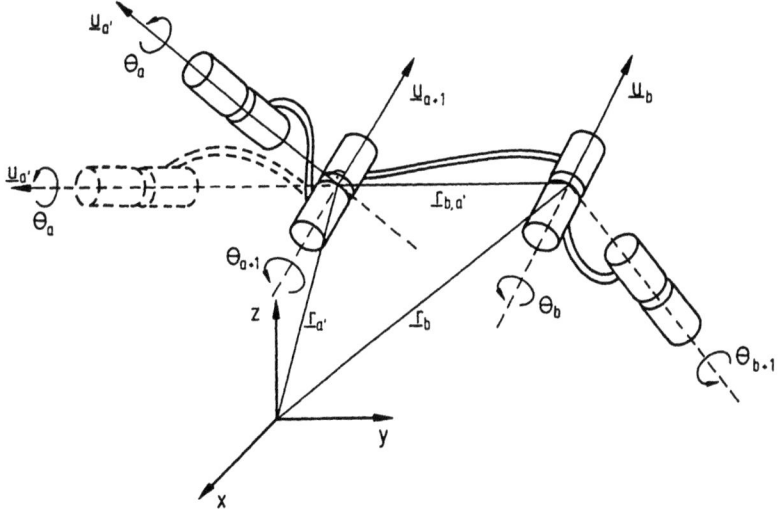

Bild 5.7: Probleme beim Paar Kardangelenk - Kardangelenk

/55/ noch als wichtige Gelenke, die fast in jeder Industrieroboterkinematik vorkommen, charakterisiert wurden.

5.3.3 Bestimmung des charakteristischen Gelenkpaars

Nachdem im vorhergehenden Schritt festgestellt wurde, ob die betrachtete Kinematik einer expliziten Lösung zugänglich ist oder nicht, und aus einfachen Gelenken die Kombinationsmöglichkeiten für mehrachsige Gelenke bestimmt wurden, folgt jetzt die Auswahl des charakteristischen Gelenkpaars. Den Gelenken wurde entsprechend Tabelle 5.1 bereits ein Gewichtungsfaktor zugewiesen, der eine Rangfolge unter den Gelenken darstellt. Die höchsten Gewichtungsfaktoren haben die dreiwertigen Gelenke, gefolgt von den zweiwertigen und zuletzt den einfachen Gelenken, da möglichst viele Freiheitsgrade im charakteristischen Gelenkpaar vereinigt werden sollen, um die Zahl der iterativ zu lösenden Gelenkvariablen so gering wie möglich zu halten. Die Unterschiede innerhalb der einzelnen Gelenkgruppen erklären sich daher, daß versucht wird, möglichst rotatorische Gelenke in das charakteristische Paar aufzunehmen. Die translatorischen Gelenke vereinfachen, wie in 5.5. gezeigt wird, im iterativen Teil die Lösung erheblich.

Wie aus /56/ hervorgeht, ist es nicht notwendig, daß das charakteristische Paar aus benachbarten Gelenken besteht. In der dieser Arbeit zugrundeliegenden Implementierung werden jedoch nicht benachbarte Gelenke nur dann ausgewählt, wenn dadurch eine vollständig explizite Lösung der Kinematik möglich wird. In den Fällen, in denen ein iterativer Lösungsanteil erforderlich ist, werden nur benachbarte Gelenke als charakteristisches Paar ausgewählt. Dadurch erhöht sich in den Fällen, in denen in der kinematischen Kette zwei nicht benachbarte zweiwertige Gelenke vorkommen, die Anzahl der iterativ zu lösenden Gelenkvariablen um 1; statt 2 müssen 3 Gelenkvariablen iterativ bestimmt werden. In allen anderen Fällen von nicht redundanten Kinematiken hat diese Beschränkung keine Auswirkung. Der Vorteil dieser Vorgehensweise liegt darin, daß die Konstanten in den Bindungsgleichungen jetzt wirkliche Invarianten sind, die auch durch Änderungen der Gelenkvariablen außerhalb des charakteristischen Paars nicht verändert werden. Bei nicht benachbarten Gelenken sind dagegen die Konstanten in den Bindungsgleichungen von den dazwischenliegenden, nicht zu dem charakteristischen Paar gehörenden Gelenkvariablen abhängig und müssen in jeder Iteration neu bestimmt werden. Dadurch erhöht sich die Rechenzeit so stark, daß der Vorteil durch die geringere Zahl iterativ zu lösender Gelenkvariablen wieder zunichte gemacht wird.

Der Algorithmus zur Bestimmung des charakteristischen Gelenkpaars wählt also, wenn eine vollständig explizite Lösung möglich ist, das charakteristische Paar für diese Lösung aus. Im anderen Fall werden die zwei benachbarten Gelenke bestimmt, bei denen die Summe aus den Gewichtungsfaktoren maximal ist.

5.3.4 Berechnung von Invarianten

In diesem Schritt werden die geometrischen Invarianten der kinematischen Kette berechnet, die später in der zeitkritischen Rückwärtstransformation benötigt werden. Insbesondere handelt es sich um die konstanten Bestandteile der verwendeten Bindungsfunktion. Diese Bindungsfunktionen müssen innerhalb der iterativen Schleife ausgewertet werden, weshalb hier besonderer Wert auf die Einsparung von Operationen gelegt werden muß. Eine Bindungsgleichung vom Typ I beispielsweise

$$g_I = \underline{r}_{b,a'} \cdot \underline{r}_{b,a'} - c_I = 0$$

enthält nach <u>Bild 4.6</u> als Konstante das Quadrat des Abstands der beiden Gelenkpunkte $\underline{r}_{a'}$ und $\underline{r}_b$. Durch Auswertung der Bindungsgleichungen in der Grundstellung der Kinematik können diese konstanten Anteile einfach berechnet werden. Weiter werden feste Beziehungen innerhalb eines Gelenks, z.B. die Winkel zwischen den Drehachsen beim Kugelgelenk, an dieser Stelle berechnet.

Das Ergebnis der drei Phasen der Kinematikanalyse ist die in <u>Bild 5.8</u> dargestellte Datenstruktur, die alle notwendigen Informationen über das charakteristische Paar enthält und bei der Rückwärtstransformation den Ablauf des Algorithmus steuert. In dieser Datenstruktur sind freie Plätze für Zwischenergebnisse, z.B. die Werte der Bindungsfunktion oder die Achsrichtungsvektoren der Gelenke, enthalten, die bei der Rückwärtstransformation erst aufgefüllt werden.

CHAR_PAAR:

GELENK_A:				
INDEX_1	erster Index des Gelenks			
INDEX_2	zweiter Index des Gelenks			
FG	Anzahl der Freiheitsgrade			
U	Achsvektor			
R	Ortsvektor zum Gelenk			
ART	Gelenkart			
= S	= T	= E1	....	artspezifische Invarianten

GELENK_B:	
INDEX_1	erster Index des Gelenks
. . .	

EXPL_LOESUNG	explizite Lösung möglich
R_BA	Vektor von Gelenk B zu Gelenk A
GES_FG	Gesamtfreiheitsgrad des Gelenkpaars
ANZ_IMPL	Anzahl der impliziten Gleichungen
TYP_BIND_GL[1..4]	Typ der Bindungsgleichungen
CONST_WERTE[1..4]	Konstante Werte der Bindungsgleichungen
VAR_WERTE[1..4]	Berechnete Werte der Bindungsgleichungen
MK_INDEX[1..4]	Indizes der impliziten Gelenkvariablen

Bild 5.8: Datenstruktur und Informationen zum charakteristischen Paar

5.4 Vorwärtstransformation

Die Vorwärtstransformation ergibt sich formal durch die Multiplikation aller homogenen Matrizen aus der Kinematikbeschreibung:

$$G_1 = D_{L1} D_{J1} \tag{5.4a}$$
$$G_2 = G_1 D_{L2} D_{J2} = D_{L1} D_{J1} D_{L2} D_{J2} \tag{5.4b}$$
$$G_3 = G_2 D_{L3} D_{J3} = D_{L1} D_{J1} D_{L2} D_{J2} D_{L3} D_{J3} \tag{5.4c}$$
$$\vdots$$
$$G_6 = G_5 D_{L6} D_{J6} = D_{L1} D_{J1} D_{L2} D_{J2} D_{L3} D_{J3} D_{L4} D_{J4} D_{L5} D_{J5} D_{L6} D_{J6} \tag{5.4f}$$
$$T = G_6 \cdot D_{L7} \tag{5.4g}$$

Dabei ist zu beachten, daß die D_{Ji} Rotationen oder Translationen um bzw. in Richtung der Z+-Achse darstellen, daß also keine vollständige Matrizenmultiplikation auszuführen ist.

Diese Vorgehensweise ist aufwandsminimal und bietet den Vorteil, daß man als Zwischenergebnisse sämtliche Gelenkkoordinatensysteme dargestellt im Bezugskoordinatensystem erhält. Die Kenntnis der Gelenkkordinatensysteme erlaubt eine einfache Berechnung der Jacobi-Matrix, die bei der Lösung der Rückwärtstransformation mit dem Newton-Raphson-Verfahren für die sechs unabhängigen Gleichungen der verallgemeinerten Koordinaten benötigt wird.

Für die Rückwärtstransformation mit der Methode des charakteristischen Gelenkpaars wird nicht die Vorwärtstransformation für die gesamte kinematische Kette benötigt, sondern es ist eine Berechnung von Teilen der kinematischen Kette erforderlich. Dies ist zum einen die Berechnung der kinematischen Kette ausgehend vom Bezugssystem bis zum ersten Gelenk des charakteristischen Paares, zum anderen aber auch die Berechnung der kinematischen Kette vom Bezugssystem über die Trajektorienmatrix von "hinten" her bis zum letzten Gelenk des charakteristischen Gelenkpaars (siehe Bild 4.5). Außerdem werden zur Bestimmung der partiellen Ableitungen der Bindungsfunktionen Teilketten der Kinematik benötigt, bei denen einzelne

$D_{Ji} = f(q_i)$ durch $\frac{\partial D_{Ji}}{\partial q_i}$ ersetzt sind.

Aus diesen Gründen wird die sukzessive Multiplikation der homogenen Matrizen gemäß Gleichungen (5.4a) bis (5.4g) durch den nachfolgend beschriebenen modifizierten Algorithmus ersetzt.

Für eine Teilkette bis zum Gelenk k ergibt sich folgendes Berechnungsschema:

$$Z_1 = D_{L1}$$
$$Z_2 = Z_1 D_{J1} D_{L2}$$
$$\vdots$$
$$Z_k = Z_{k-1} D_{Jk-1} D_{Lk}$$

$$G_1 = Z_1 D_{J1}$$
$$G_2 = Z_2 D_{J2}$$
$$\vdots$$
$$G_k = Z_k D_{Jk}$$

(5.5)

Z_i ($1 \le i \le k$) stellt das Gelenkkoordinatensystem i für $q_i = 0$ dar, d.h. ohne Verdrehung bzw. Verschiebung. G_i ist das Gelenkkoordinatensystem i mit Verdrehung bzw. Verschiebung. In der Notation nach /56/ sind die Z_i die Eingangskoordinatensysteme (gestrichene Systeme), die G_i die Ausgangskoordinatensysteme der Gelenke. Die Berechnung sowohl der G_i- als auch der Z_i-Matrizen wird durch die Beschreibung der kinematischen Kette durch getrennte Arm- und Gelenkmatrizen möglich. Dies ist ein weiterer Grund, nicht die A-Matrizen nach Denavit und Hartenberg, die bekanntlich Arm- und Gelenkmatrizen zusammenfassen, zu verwenden. Die Z_i und die G_i werden als Zwischenergebnisse abgespeichert. Zusätzlich werden weitere Matrizen berechnet.

$$R_{k-1} = D_{Lk}$$
$$R_{k-2} = D_{Lk-1} \, D_{Jk-1} \, R_{k-1} \tag{5.6}$$
$$\vdots$$
$$R_1 = D_{L2} \, D_{J2} \, R_2$$

Mit den R- und den Z-Matrizen können die partiellen Ableitungen ohne großen zusätzlichen Aufwand bestimmt werden, da gilt:

$$\begin{aligned} Z_k &= Z_1 \, D_{J1} \, R_1 \\ &= Z_2 \, D_{J2} \, R_2 \\ &\vdots \\ &= Z_{k-1} \, D_{Jk-1} \, R_{k-1} \end{aligned} \tag{5.7}$$

Durch Substitution von D_{Ji} durch $\frac{\partial D_{Ji}}{\partial q_i}$ werden die partiellen Ableitungen ohne nochmalige vollständige Auswertung der kinematischen Kette berechnet.

Für eine Teilkette bis zum Gelenk k, die von "hinten" her bestimmt werden muß, ergibt sich analog:

$$\begin{aligned} Z_6 &= T \, D_{L7}^{-1} \, D_{J6}^{-1} & G_6 &= T \, D_{L7}^{-1} \\ Z_5 &= Z_6 \, D_{L6}^{-1} \, D_{J5}^{-1} & G_5 &= Z_6 \, D_{L6}^{-1} \\ &\vdots & &\vdots \\ Z_k &= Z_{k+1} \, D_{Lk+1}^{-1} \, D_{Jk}^{-1} & G_k &= Z_{k+1} \, D_{Lk+1}^{-1} \end{aligned} \tag{5.8}$$

Auch hier werden zusätzlich weitere Matrizen berechnet:

$$\bar{R}_k = D_{Lk}^{-1}$$
$$\bar{R}_{k+1} = D_{Lk+1}^{-1} D_{Jk}^{-1} \cdot \bar{R}_k$$
$$\vdots \qquad (5.9)$$
$$\bar{R}_6 = D_{L6}^{-1} D_{J5}^{-1} \bar{R}_5$$

Hier gelten:

$$G_{k-1} = G_k D_{Jk}^{-1} \bar{R}_k$$
$$= G_{k+1} D_{Jk+1}^{-1} \bar{R}_{k+1} \qquad (5.10)$$
$$\vdots$$
$$= G_6 D_{J6}^{-1} \bar{R}_6$$

5.5 Rückwärtstransformation

In <u>Bild 5.9</u> ist der implementierte Algorithmus zur Rückwärtstransformation dargestellt. Gesteuert wird der Ablauf durch die Datenstruktur gemäß <u>Bild 5.8</u>, in der alle hier benötigten Informationen hinterlegt sind, wie z.B. der Index a des ersten und der Index b des letzten Gelenks des charakteristischen Paars in der kinematischen Kette, die Anzahl und die Art der zu verwendenden Bindungsgleichungen, die geometrischen Invarianten zum charakteristischen Paar, usw.

In einer ersten Fallunterscheidung wird abgefragt, ob die Kinematik vollständig explizit lösbar ist. Wenn dies der Fall ist, so wird der Lösungsweg für ein charakteristisches Paar mit einem Gesamtfreiheitsgrad von 5 eingeschlagen oder eine Lösung entsprechend der Klassen 1, 2, 3 oder 5 nach /40/ bestimmt. Diese Erweiterung der Methode des charakteristischen Gelenkpaars bewirkt, daß alle geschlossen lösbaren Roboterkonfigurationen durch den vorliegenden Algorithmus auch tatsächlich explizit gelöst werden.

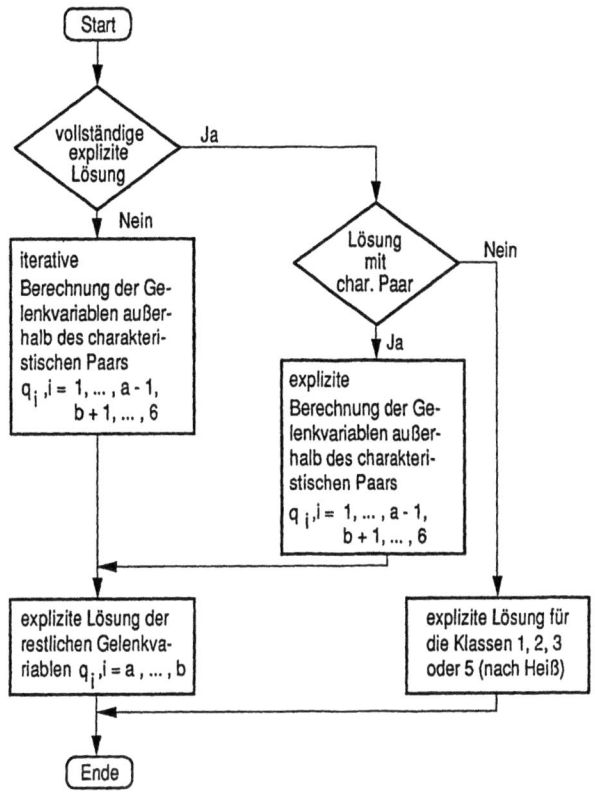

Bild 5.9: Algorithmus der Rückwärtstransformation

Ist die Kinematik nicht vollständig explizit lösbar, so muß zuerst eine iterative Lösung für die Gelenkvariablen außerhalb des charakteristischen Paars berechnet werden, ehe die explizite Lösung der restlichen Gelenkvariablen erfolgen kann. Der Lösungsweg für den iterativen Teil des Algorithmus verwendet das Newton-Raphson-Verfahren (Bild 5.10).

Da der iterative Teil für jede Rückwärtstransformation mehrfach durchlaufen wird, ist hierbei besonderer Wert auf Rechenzeiteffizienz zu legen.

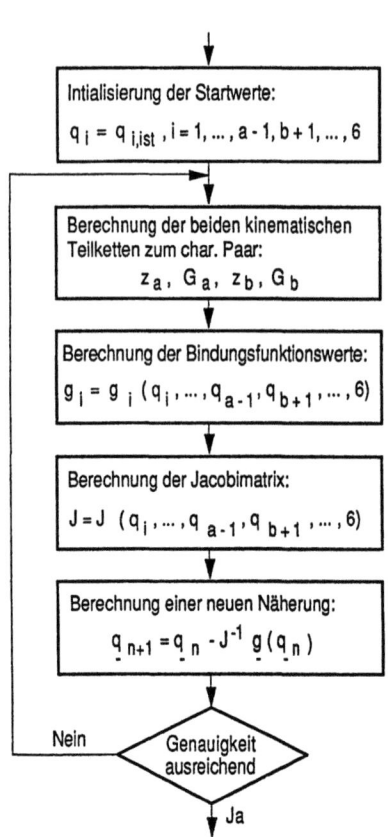

Bild 5.10: Iterativer Teil der Rückwärtstransformation

Die Berechnung der beiden kinematischen Teilketten zum ersten und zum letzten Gelenk des charakteristischen Paars erfolgt wie in 5.4 bereits beschrieben mit Speicherung von Zwischenergebnissen und zusätzlicher Berechnung von Matrizen, die für die Bestimmung der partiellen Ableitungen benötigt werden. Da fünf Typen von Bindungsgleichungen existieren, von denen die Typen II und III jeweils in zwei Ausprägungen vorkommen können, sind insgesamt sieben verschiedene Bindungsgleichungen zu betrachten. Allen diesen Bindungsgleichungen ist gemeinsam, daß in ihnen Ortsvektoren zu Gelenkpunkten und Achsrichtungsvektoren vorkommen. Diese Vektoren können mit den Zwischenergebnissen bzw. den Ergebnissen aus der Auswertung der kinematischen Teilketten dargestellt werden:

$$\underline{r}_{i'} = Z_i \begin{pmatrix} 0 \\ 0 \\ 0 \\ 1 \end{pmatrix} \quad (5.11) \quad \underline{r}_i = G_i \begin{pmatrix} 0 \\ 0 \\ 0 \\ 1 \end{pmatrix} \quad (5.12)$$

$$\underline{u}_{i'} = \underline{u}_i = Z_i \begin{pmatrix} 0 \\ 0 \\ 1 \\ 0 \end{pmatrix} \quad (5.13)$$

$$\underline{r}_{b,a'} = \underline{r}_{a'} - \underline{r}_b = Z_a \begin{pmatrix} 0 \\ 0 \\ 0 \\ 1 \end{pmatrix} - G_b \begin{pmatrix} 0 \\ 0 \\ 0 \\ 1 \end{pmatrix} \quad (5.14)$$

Durch Einsetzen dieser Vektoren in die Bindungsgleichungen ergeben sich die Bindungsfunktionswerte.

Im nächsten Schritt ist die Berechnung der Jacobi-Matrix J erforderlich:

$$J = \begin{pmatrix} \frac{\partial g_1}{\partial q_1} & \cdots & \frac{\partial g_n}{\partial q_1} \\ \vdots & & \vdots \\ \frac{\partial g_1}{\partial q_n} & \cdots & \frac{\partial g_n}{\partial q_n} \end{pmatrix} \quad (1 \leq n \leq 4) \quad (5.15)$$

Dazu werden die partiellen Ableitungen der Bindungsgleichungen nach den Gelenkvariablen q_i (i = 1, ... , a - 1, b + 1, ... ,6) benötigt. In <u>Tabelle 5.4</u> sind die sieben möglichen Bindungsgleichungen und die zugehörigen partiellen Ableitungen zusammengestellt. Da die Vektoren des Gelenks a von vorne berechnet werden, treten in der Matrix Z_a keine Gelenkvariablen des hinteren Teils der kinematischen Kette auf, die partiellen Ableitungen nach q_i mit $i > b$ sind also Null. Die Vektoren für das Gelenk b werden dagegen von hinten her berechnet und entsprechend sind die partiellen Ableitungen für $i < a$ gleich Null. Dies ist beim Einsetzen der partiellen Ableitungen der Vektoren nach den q_i in die abgeleiteten Bindungsgleichungen zu berücksichtigen. Die partiellen Ableitungen der Vektoren lauten, da die Gelenkvariable q_i, nach der abgeleitet wird, nur in der Transformationsmatrix D_{Ji} vorkommt, mit den zusätzlich berechneten Matrizen R_i bzw. $\bar{R}_i$, folgendermaßen:

$$\frac{\partial}{\partial q_i} \left\{ \underline{r}_{a'} \right\} = Z_i \frac{\partial D_{Ji}}{\partial q_i} R_i \begin{pmatrix} 0 \\ 0 \\ 0 \\ 1 \end{pmatrix} \quad \text{für } i < a \qquad (5.16a)$$

$$\frac{\partial}{\partial q_i} \left\{ \underline{u}_{a'} \right\} = Z_i \frac{\partial D_{Ji}}{\partial q_i} R_i \begin{pmatrix} 0 \\ 0 \\ 1 \\ 0 \end{pmatrix} \quad \text{für } i < a \qquad (5.16b)$$

$$\frac{\partial}{\partial q_i} \left\{ \underline{r}_b \right\} = G_i \frac{\partial D_{Ji}^{-1}}{\partial q_i} \bar{R}_i \begin{pmatrix} 0 \\ 0 \\ 1 \\ 0 \end{pmatrix} \quad \text{für } i > b \qquad (5.16c)$$

$$\frac{\partial}{\partial q_i} \left\{ \underline{u}_b \right\} = G_i \frac{\partial D_{Ji}^{-1}}{\partial q_i} \bar{R}_i \begin{pmatrix} 0 \\ 0 \\ 1 \\ 0 \end{pmatrix} \quad \text{für } i > b \qquad (5.16d)$$

Typ	Bindungsgleichung g	partielle Ableitung $\dfrac{\partial g}{\partial q_i}$
I	$\underline{r}_{b,a'}^2 - c_I$	$2\,\underline{r}_{b,a'} \cdot \dfrac{\partial}{\partial q_i}\{\underline{r}_{b,a'}\}$
IIa	$\underline{r}_{b,a'} \cdot \underline{u}_{a'} - c_{II}$	$\dfrac{\partial}{\partial q_i}\{\underline{r}_{b,a'}\} \cdot \underline{u}_{a'} + \underline{r}_{b,a'} \cdot \dfrac{\partial}{\partial q_i}\{\underline{u}_{a'}\}$
IIb	$\underline{r}_{b,a'} \cdot \underline{u}_b - c_{II}$	$\dfrac{\partial}{\partial q_i}\{\underline{r}_{b,a'}\} \cdot \underline{u}_b + \underline{r}_{b,a'} \cdot \dfrac{\partial}{\partial q_i}\{\underline{u}_b\}$
IIIa	$\left(\underline{r}_{b,a'} \times \underline{u}_b\right)^2 - c_{III}$	$2\left(\underline{r}_{b,a'} \times \underline{u}_b\right) \cdot \left[\left(\dfrac{\partial}{\partial q_i}\{\underline{r}_{b,a'}\} \times \underline{u}_b\right) + \left(\underline{r}_{b,a'} \times \dfrac{\partial}{\partial q_i}\{\underline{u}_b\}\right)\right]$
IIIb	$\left(\underline{r}_{b,a'} \times \underline{u}_{a'}\right)^2 - c_{III}$	$2\left(\underline{r}_{b,a'} \times \underline{u}_{a'}\right) \left[\left(\dfrac{\partial}{\partial q_i}\{\underline{r}_{b,a'}\} \times \underline{u}_{a'}\right) + \left(\underline{r}_{b,a'} \times \dfrac{\partial}{\partial q_i}\{\underline{u}_{a'}\}\right)\right]$
IV	$\underline{u}_b \cdot \underline{u}_{a'} - c_{IV}$	$\dfrac{\partial}{\partial q_i}\{\underline{u}_b\} \cdot \underline{u}_{a'} + \underline{u}_b \cdot \dfrac{\partial}{\partial q_i}\{\underline{u}_{a'}\}$
V	$\left(\underline{u}_b \times \underline{u}_{a'}\right) \cdot \underline{r}_{b,a'} - c_V$	$\left[\left(\dfrac{\partial}{\partial q_i}\{\underline{u}_b\} \times \underline{u}_{a'}\right) + \left(\underline{u}_b \times \dfrac{\partial}{\partial q_i}\{\underline{u}_{a'}\}\right)\right] \cdot \underline{r}_{b,a'} + \left(\underline{u}_b \times \underline{u}_{a'}\right) \cdot \dfrac{\partial}{\partial q_i}\{\underline{r}_{b,a'}\}$

<u>Tabelle 5.4:</u> Bindungsgleichungen und partielle Ableitungen

Die partiellen Ableitungen der Transformationsmatrizen ergeben sich für eine translatorische Gelenkvariable q_i zu

$$\frac{\partial}{\partial q_i}\left\{D_{Ji}\right\} = \frac{\partial}{\partial q_i}\begin{pmatrix}1 & 0 & 0 & 0\\0 & 1 & 0 & 0\\0 & 0 & 1 & q_i\\0 & 0 & 0 & 1\end{pmatrix} = \begin{pmatrix}0 & 0 & 0 & 0\\0 & 0 & 0 & 0\\0 & 0 & 0 & 1\\0 & 0 & 0 & 0\end{pmatrix}$$
(5.17a)

bzw.

$$\frac{\partial}{\partial q_i}\left\{D_{Ji}^{-1}\right\} = \frac{\partial}{\partial q_i}\begin{pmatrix}1 & 0 & 0 & 0\\0 & 1 & 0 & 0\\0 & 0 & 1 & -q_i\\0 & 0 & 0 & 1\end{pmatrix} = \begin{pmatrix}0 & 0 & 0 & 0\\0 & 0 & 0 & 0\\0 & 0 & 0 & -1\\0 & 0 & 0 & 0\end{pmatrix}$$
(5.17b)

und für eine rotatorische Gelenkvariable q_i zu

$$\frac{\partial}{\partial q_i}\left\{D_{Ji}\right\} = \frac{\partial}{\partial q_i}\begin{pmatrix}\cos q_i & -\sin q_i & 0 & 0\\\sin q_i & \cos q_i & 0 & 0\\0 & 0 & 1 & 0\\0 & 0 & 0 & 1\end{pmatrix} = \begin{pmatrix}-\sin q_i & -\cos q_i & 0 & 0\\\cos q_i & -\sin q_i & 0 & 0\\0 & 0 & 0 & 0\\0 & 0 & 0 & 0\end{pmatrix}$$
(5.17c)

bzw.

$$\frac{\partial}{\partial q_i}\left\{D_{Ji}^{-1}\right\} = \frac{\partial}{\partial q_i}\begin{pmatrix}\cos q_i & \sin q_i & 0 & 0\\-\sin q_i & \cos q_i & 0 & 0\\0 & 0 & 1 & 0\\0 & 0 & 0 & 1\end{pmatrix} = \begin{pmatrix}-\sin q_i & \cos q_i & 0 & 0\\-\cos q_i & -\sin q_i & 0 & 0\\0 & 0 & 0 & 0\\0 & 0 & 0 & 0\end{pmatrix}$$
(5.17d)

Man erkennt, daß für translatorische Gelenkvariable die abgeleitete Transformationsmatrix besonders einfach wird. Die Multiplikation mit der Z-Matrix erfordert nur Zuweisungen, so daß der Rechenaufwand sehr gering ausfällt. Dies ist der Grund für die bevorzugte Aufnahme von rotatorischen Gelenken in das charakteristische Paar. Programmtechnisch können die Berechnung der abgeleiteten Transformationsmatrix und die Multiplikation mit den Z_i- und den G_i-Matrizen zu einer

Operation verknüpft werden.

Als nächster Schritt erfolgt die Berechnung der neuen Näherung für die Gelenkvariablen außerhalb des charakteristischen Paars und anschließend die Überprüfung, ob die Genauigkeit bereits ausreichend ist. Für dieses Abbruchkriterium gibt es mehrere Möglichkeiten:

a) Überprüfung durch Vorwärtstransformation, ob die Differenz zwischen den Raumkoordinaten zu den berechneten Gelenkvariablen und den vorgegebenen Raumkoordinaten genügend klein ist.
b) Überprüfung, ob die Schließbedingungen für die kinematische Kette ausreichend genau erfüllt sind, d.h. ob die Bindungsfunktionswerte kleiner einer vorgegebenen Schranke sind.
c) Überprüfung, ob die Änderungen der berechneten Gelenkvariablen, d.h. $J \underline{g}(\underline{q}_n)$ kleiner einer vorgegebenen Schranke sind.

Variante a) ist zwar die exakte Formulierung für das gewünschte Ergebnis, verursacht jedoch eine viel zu hohe Rechenzeit. Da in jedem Schritt außer einer Vorwärtstransformation auch noch die explizite Lösung für die restlichen Gelenkvariablen durchzuführen wäre, würde die Idee der Methode des charakteristischen Gelenkpaars zunichte gemacht werden. Die Variante b) ist vom Prinzip her zwar geeignet, es hat sich jedoch gezeigt, daß die Wahl einer allgemeingültigen Schranke nicht problemlos möglich ist. Realisiert wurde c) mit einer zusätzlichen Normierung auf die Größe der Gelenkvariablen, d.h. das Abbruchkriterium lautet:

$$\left| \frac{q_{n+1} - q_n}{q_n} \right| < \varepsilon \qquad (5.18)$$

Nach Abschluß des iterativen Teils folgt nun die explizite Berechnung der Gelenkvariablen, die zum charakteristischen Paar gehören. Leider kann diese explizite Berechnung nun nicht völlig unabhängig voneinander für die zwei Gelenke des charakteristischen Paars ausgeführt werden. Wenn dies der Fall wäre, so würden sich lediglich 7 Fallunterscheidungen ergeben. Dadurch, daß beide Gelenke des Paars zu berücksichtigen sind, ergeben sich entsprechend Tabelle 4.2 16 Fälle. Nicht mitgezählt sind dabei Unterscheidungen innerhalb eines Gelenktyps, wie z.B. beim Ebenen Gelenk, das 7 Untertypen aufweist. Für alle diese Fälle können jedoch entsprechend /56/ drei Grundbeziehungen zur Berechnung der Gelenkvariablen angewandt werden, wodurch sich der Implementierungsaufwand wieder auf ein erträgliches Maß reduzieren läßt.

5.6 Ergebnisse

Das parametrierbare Kinematikmodul wurde auf einer Steuerungshardware basierend auf dem Mikroprozessor NS 32332 implementiert. Zum Vergleich wurde zum einen das Newton-Raphson-Verfahren für die sechs unabhängigen Gleichungen der Raumkoordinaten entsprechend 4.2.2.1, zum anderen eine manuell erstellte Rückwärtstransformation mit analytisch geschlossener Lösung herangezogen. Kinematik I in Tabelle 5.5 ist der Gelenkarmroboter nach Bild 5.5 mit der RDL-Beschreibung aus Bild 5.4 als Eingabe für das Kinematikmodul. Kinematik II ergibt sich aus der Kinematik I, indem das erste Drehgelenk durch ein Schubgelenk mit einem translatorischen

	analytisch geschlossene Lösung nach Paul	Newton-Raphson-Verfahren	Methode des charakteristischen Gelenkpaars
Kinematik I	3 ms	48 ms	18 ms
Kinematik II	-	48 ms	45 ms

Tabelle 5.5: Rechenzeiten verschiedener Verfahren für eine Rückwärtstransformation in ms auf einer Prozessor-Karte mit dem NS 32332

Freiheitsgrad in X-Richtung ersetzt wird. Diese Kinematiken sind in dem Doppelarmrobotersystem (Bild 6.1) umschaltbar vorhanden, d.h. durch eine mechanische Verriegelung kann je nach Bedarf Kinematik I oder Kinematik II aktiviert werden.

Für Kinematik I existiert eine Rückwärtstransformation, die manuell erstellt, programmiert und in den Maschinencode des verwendeten Prozessors übersetzt wurde. Dabei ergibt sich die Rechenzeit für eine Rückwärtstransformation zu 3 ms, die in Tabelle 5.5 zum Vergleich herangezogen wird. Die Rückwärtstransformation für Kinematik II ist dagegen analytisch nicht lösbar, so daß in diesem Fall keine Vergleichsmöglichkeit vorliegt.

Die Kinematikanalyse nach 5.3 liefert für Kinematik I das charakteristische Gelenkpaar Kugelgelenk (Gelenke 1, 2 und 3) - Kardangelenk (Gelenke 5 und 6) mit dem Gesamtfreiheitsgrad von 5. Damit ergibt sich auch mit der Methode des charakteristischen Gelenkpaars eine vollständig explizite Lösung. Die höhere Rechenzeit resultiert aus der interpretativen Arbeitsweise des Kinematikmoduls. Dieser Nachteil einer interpretativen Arbeitsweise gegenüber der Übersetzung in Maschinencode wird bestätigt durch einen Rechenzeitvergleich bei der Vorwärtstransformation, der einen Faktor 5 liefert, um den die interpretative Version langsamer ist als eine für die Kinematik erstellte und compilierte Version. Die Rechenzeitvergleiche in /57/, denen compilierte Rückwärtstransformationen zugrunde lagen, ergaben ebenfalls ein günstigeres Verhältnis für die Methode des charakteristischen Gelenkpaars.

Die Kinematikanalyse für Kinematik II ergibt ein charakteristisches Gelenkpaar bestehend aus den Drehgelenken 2 und 3, die verbleibenden 4 Gelenkvariablen außerhalb des charakteristischen Paars müssen iterativ bestimmt werden. Dies stellt den schlechtesten Fall für dieses Verfahren dar, da ein charakteristisches Paar mindestens 2 Gelenkvariablen enthält. Die Rechenzeit für diesen Fall ist geringfügig besser als beim Newton-Raphson-Verfahren.

Für die Rechenzeitvergleiche wurden die Gelenkvariablen für Raumkoordinaten im Abstand von 10 mm berechnet. Dies entspricht bei einer Interpolationstaktzeit von 10 ms einer Verfahrgeschwindigkeit von 1000 mm/s. Bei den iterativen Verfahren werden als Startwerte die Gelenkvariablen aus der vorhergehenden Transformation verwendet. Für diese Startwerte benötigten beide Verfahren 2 bis 3 Iterationsschritte. Das Abbruchkriterium wurde so gewählt, daß die iterativen Verfahren eine Genauigkeit von 5/1000 mm erreichten.

6 Realisierung am Beispiel eines Doppelarmroboters

Wie am Beispiel 2 in Kapitel 2.1 gezeigt wurde, ist die Steuerung zweier kooperierender Roboter mit marktgängigen Robotersteuerungen nur sehr eingeschränkt und mit zusätzlichem Rechneraufwand möglich. An dieser Stelle soll nun eine realisierte, auf den Anwendungsfall Steuerung eines Doppelarmroboters zugeschnittene Lösung präsentiert werden, um die Tragfähigkeit der vorgestellten Konzepte nachzuweisen.

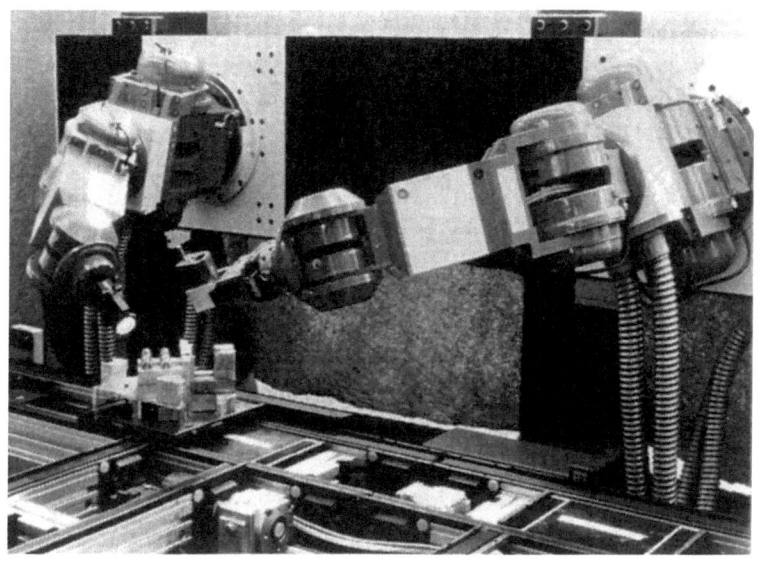

Bild 6.1: Doppelarmroboter bei der Montage

Der am ISW konzipierte und realisierte Doppelarmroboter besteht aus zwei sechsachsigen Roboterarmen, aufgebaut aus Komponenten des Baukastensystems (Bild 6.1). Die beiden Arme sind zusätzlich horizontal gegeneinander verfahrbar. Diese Anordnung ermöglicht es, die beiden Roboterarme unabhängige Aufgaben an zwei getrennten Werkstücken unter Ausschluß von Kollisionen ausführen zu lassen. Ebenso ist in einem großen gemeinsamen Arbeitsraum eine Kooperation der beiden Roboterarme möglich. Ziel dieser Konzeption ist es, die Flexibilität roboterbestückter Montagezellen zu steigern, indem die starren Werkstückaufnahmen und Bereitstellungseinrichtungen durch einen zusätzlichen Roboter mit Greiferwechselsystem ersetzt werden. Dieser Roboter stellt dem Montageroboter die Werkstücke bzw.-Einzelteile an der gewünschten Position mit der notwendigen Orientierung zur Verfügung.

Eine Analyse der Aufgaben bei der Montage ergibt weitere Einsatzmöglichkeiten für kooperierende Roboter mit den Zielen Flexibilitätssteigerung und Effizienzerhöhung. Dies sind die Übergabe eines Teils von einem Roboter an einen anderen, z.B. um dieses Teil umzudrehen, die Handhabung voluminöser oder schwerer Werkstücke oder biegeschlaffer Teile durch beide Roboter gemeinsam sowie Fügevorgänge mit komplexen Bewegungsfolgen unter Einhaltung von Vorzugslagen der zu montierenden Teile. Zur zeitlichen Optimierung sind Fügevorgänge an bewegten Teilen möglich. Ein weiterer Aspekt, der die Flexibilität, aber auch eine Verfügbarkeitserhöhung der Zelle betrifft, ist die Möglichkeit, Reparaturen oder Umbauten an einem Roboterarm durch den anderen Arm vornehmen zu lassen. Eine automatische Anpassung der Montagezelle an das Produkt wird dadurch möglich.

Für die Steuerung der beiden Roboterarme ergeben sich folgende Betriebsarten:

- **unabhängig**
  Jeder Roboterarm arbeitet unabhängig vom anderen ein eigenes Bewegungsprogramm ab.

- **synchronisiert**
  Ein Roboter wartet auf den anderen, z.B. um ein Teil zu übergeben

- **räumlich koordiniert**
  Beide Roboterarme führen eine aufeinander abgestimmte Bewegung aus. Dies ist bei der gemeinsamen Handhabung eines Teils der Fall. Ein Roboter muß dabei seinen Greifer in Position und Orientierung konstant zum Effektorkoordinatensystem des anderen Roboters halten. Soll an einem bewegten Werkstück ein Teil gefügt werden, so ist der Bewegung des teileführenden Roboterarms, um die Lage im Effektorkoordinatensystem des werkstückführenden Roboterarms beizubehalten, eine Relativbewegung für den Fügevorgang zu überlagern.

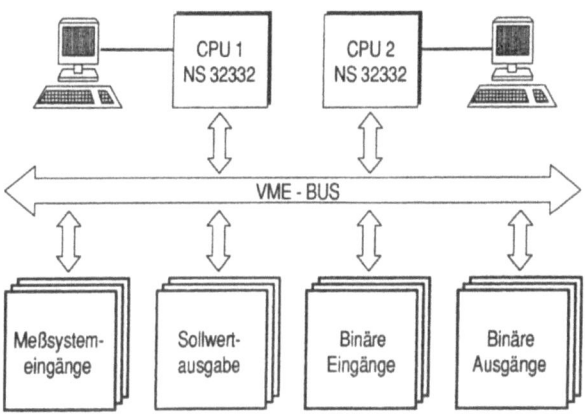

Bild 6.2: Hardwarestruktur der Steuerung für den Doppelarmroboter

Die Steuerungshardware wurde entsprechend der für die Aufgabenstellung notwendigen Rechnerleistung zusammengestellt. Es ergibt sich eine Konfiguration gemäß Bild 6.2 bestehend aus zwei CPU-Karten und fünf Peripheriekarten. Der Speicher ist als Dual-Port-RAM ausgebildet, d.h. er kann von einer zweiten CPU-Karte über den VME-Bus gelesen und beschrieben werden. Diese Eigenschaft ermöglicht einen sehr effizienten Datenaustausch zwischen den beiden Rechnerkarten. Die in sich modular aufgebauten Peripheriekarten bestehen aus einer VME-Bus-Koppelkarte und bis zu vier Modulen. In der Konfiguration nach Bild 6.2 kommen Meßsystemauswerteeinheiten, D/A-Wandler sowie binäre Ein- und Ausgänge zum Einsatz. Im Speicher der Rechnerkarten ist jeweils die komplette Steuerungssoftware abgelegt. Dies ermöglicht einen vollständig **unabhängigen** Betrieb der beiden Arme des Doppelarmroboters; Abarbeitung eines Bewegungsprogramms, Erstellung von Programmen und Bedienung der Steuerung erfolgen wie bei zwei Einzelsteuerungen.

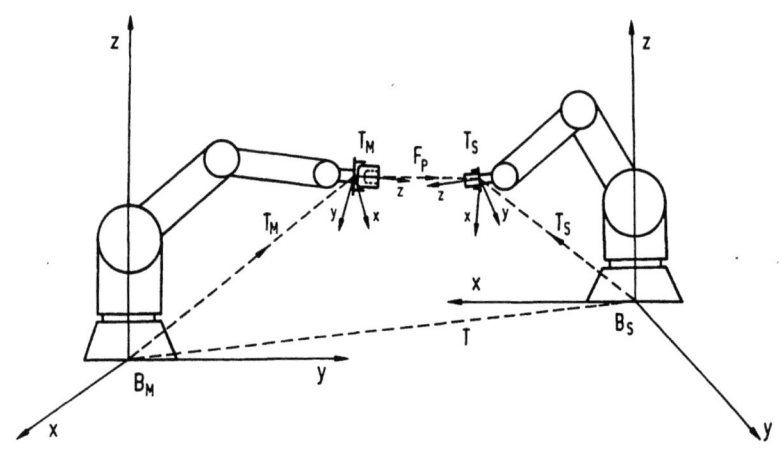

Bild 6.3: Koordinatensysteme beim Doppelarmroboter

Für **räumlich koordinierte** Bewegungen wird ein Master-Slave-Konzept und ein bewegtes relatives Koordinatensystem verwendet (Bild 6.3). Der werkstückführende Roboterarm wird als Master bezeichnet, weil sich die Bewegungen des anderen Roboterarms, der als Slave bezeichnet wird, auf das Werkstück und damit auf das Effektorkoordinatensystem des Masters beziehen. Der Slave ist also gezwungen, dem Master bei dessen Bewegungen zu folgen. Für die weiteren Betrachtungen werden folgende Festlegungen getroffen. In die Fußpunkte der beiden

Roboter werden die Ursprünge je eines festen Bezugssystems, B_M und B_S genannt, gelegt. Die Transformationen T_M und T_S beschreiben die Effektorsysteme der beiden Roboter in ihren Bezugssystemen B_M bzw. B_S. Die Transformation T_F definiert das Bezugssystem des Masters im Bezugssystem des Slaves. Ein Frame F_p im Bewegungsprogramm des Slaves bezieht sich auf das Effektorkoordinatensystem des Masters.

Die Transformation von F_p in das Bezugssystem B_S erfolgt gemäß folgender Gleichung:

$$F_S = T_F \, T_M \, F_p \qquad (6.1)$$

Umgekehrt wird ein Frame F_S im Bezugssystem B_S durch

$$F_p = T_M^{-1} \, T_F^{-1} \, F_S \qquad (6.2)$$

in das Effektorkoordinatensystem des Masters transformiert. Die Bewegungserzeugung für koordinierte Bewegungen erfolgt durch Transformation der interpolierten Frames nach dem in **Bild 6.4** skizzierten Schema. Die Verfahrbefehle im Bewegungsprogramm des Slaves werden, wie auch im unabhängigen Betrieb, decodiert und interpoliert. Die interpolierten relativen Frames werden gemäß Gleichung (6.1) in das Bezugssystem des Slaves transformiert. Anschließend berechnet die Rückwärtstransformation daraus die Maschinenkoordinaten als Sollwerte für die Lageregelung. Dieser beschriebene Algorithmus berechnet online im Interpolationstakt in Abhängigkeit vom Effektorframe des Masters das transformierte Frame für den Slave. Dazu ist es erforderlich, die Transformationsmatrix vom Master an den Slave einmal pro Interpolationstakt zu übertragen. Weiter ist es notwendig, daß die Bewegungen für den Master und den Slave gleichzeitig gestartet werden.

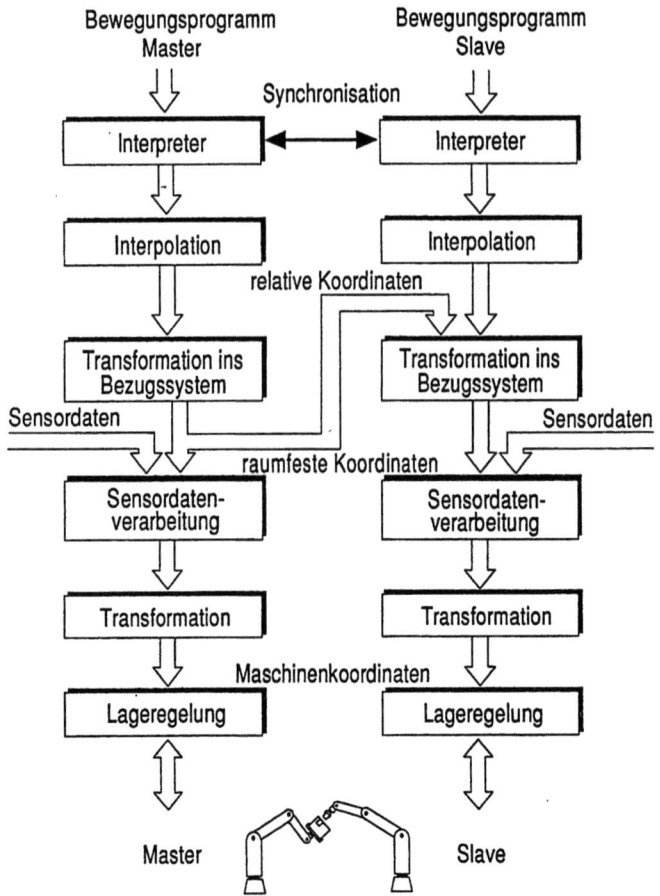

Bild 6.4: Bewegungserzeugung für koordinierte Bewegungen

Zur Synchronisation werden zwei binäre Semaphore, zur Bewegungskoordination wird ein Array mit 12 Realzahlen verwendet. Trotz zusätzlicher Buszugriffe und zweier Matrizenmultiplikationen kann mit der beschriebenen Lösung eine Interpolationstaktzeit von 10 ms realisiert werden /61/.

Allerdings wird in diesem Fall eine manuell erstellte explizite Lösung der Rückwärtstransformation verwendet. Beim Einsatz einer Steuerungshardware mit den neuesten Mikroprozessoren, z.B. dem Motorola 68040, ist jedoch bei gleichem Interpolationstakt das parametrierbare Kinematikmodul anwendbar.

Mit diesem Realisierungsbeispiel konnte also gezeigt werden, daß das beschriebene Gesamtkonzept für eine konfigurierbare Robotersteuerung Lösungen zuläßt, die mit marktgängigen Steuerungen nicht möglich sind. Die modulare Hardware kann entsprechend der benötigten Leistungsfähigkeit konfiguriert werden, die Softwarestruktur erlaubt die Integration aufgabenspezifischer Funktionen in die Steuerung.

7 Zusammenfassung

Ausgangspunkt dieser Arbeit war die mangelnde Flexibilität heutiger Robotersysteme, die eine Umrüstung eines Roboters und der zugehörigen Steuerung für eine andere Aufgabenstellung nahezu unmöglich macht. Durch die Entwicklung eines Baukastensystems für Roboter war für die Gerätetechnik bereits eine höhere Flexibilität erreicht worden.

Gegenstand dieser Arbeit ist ein Gesamtkonzept und die Realisierung einer Bahnsteuerung für Roboter, die flexibel an die technologische Aufgabenstellung angepaßt werden kann. Die Anpaßbarkeit erstreckt sich zum einen auf die benötigte Leistungsfähigkeit der Steuerung, zum anderen auf anwender- und gerätespezifische Anforderungen aus den Bereichen Mensch-Maschine-Schnittstelle, Integration in ein Gesamtsystem und technischer Prozeß.

Auf der Basis eines modularen, offenen und konfigurierbaren Hardwareaufbaus und eines prozessorunabhängigen Echtzeitbetriebssystems wurde ein Gesamtkonzept für eine Robotersteuerung entworfen, das durch Verwendung von Prozessor- und von Peripherie-Karten, deren Art und Anzahl in weiten Grenzen variiert werden können, eine Anpaßbarkeit der Steuerung an die geforderte Leistungsfähigkeit erlaubt. Die Strukturierung der Steuerungssoftware in Rechenprozesse ermöglicht die Verlagerung von Prozessen auf zusätzliche Prozessor-Karten, um das modulare Hardwarekonzept optimal nutzen zu können, und ermöglicht die Integration der vom Anwender benötigten technologie- und sensorspezifischen Funktionen in die Steuerung.

Einen Schwerpunkt dieser Arbeit bildet die Anpaßbarkeit der Steuerung an die Kinematik des verwendeten Roboters. Dieser Aspekt ist unter der Verfügbarkeit eines Baukastensystems für Roboter zu sehen, das den raschen Aufbau einer auf den jeweiligen Einsatzfall zugeschnittenen Kinematik ermöglicht. Die Anpassung der Steuerung an die Kinematik erfolgt in der

Koordinatentransformation, an die hohe Echtzeitforderungen gestellt werden. Dazu wurden die Algorithmen zur Rückwärtstransformation untersucht und hinsichtlich der Kriterien Echtzeitfähigkeit und Universalität bewertet. Für die Implementierung wurde die Methode des charakteristischen Gelenkpaars ausgewählt, die den besten Kompromiß zwischen diesen Kriterien darstellt.

Zur Beschreibung der Kinematik für das parametrierbare Kinematikmodul wurde die Roboterbeschreibungssprache RDL konzipiert. Eine Roboterbeschreibung mittels RDL wird von einem Übersetzer in eine steuerungsinterne Form umgewandelt, die als Eingabe für das Kinematikmodul dient. Das Kinematikmodul analysiert die Kinematik und generiert eine interpretierbare Datenstruktur für die Vorwärts- und Rückwärtstransformation. Rechenzeitvergleiche zeigen, daß die Transformation in Form der Interpretation einer Datenstruktur rechenzeitintensiv ist, so daß für zukünftige Entwicklungen der Generierung von compilierbaren Transformationsalgorithmen der Vorzug zu geben ist.

Abschließend wird die Steuerung eines Roboters mit zwei sechsachsigen Armen und die Erzeugung koordinierter Bewegungen für diese Arme als beispielhafte Realisierung des Steuerungskonzepts vorgestellt.

Schrifttum

/ 1/   Branche im Porträt.
                          VDI-Nachr. Nr. 13 v. 1. April 1988

/ 2/ Jacobi, W.   Industrieroboter - schon ausreichend
                          flexibel für den Anwender?
                          Fertig. techn. Koll. 85. Berlin:
                          Springer-Verlag 1985

/ 3/ Wurst, K.-H.   Steuerungsstrukturen und Informa-
       Bauder, M.   tionsaustausch für verkettete In-
                          dustrieroboter.
                          wt. Z. ind. Fertig. 76 (1986) Nr. 1,
                          S. 15-18

/ 4/ Wurst, K.-H.   - Flexible Robotersysteme - Konzep-
                          tion und Realisierung modularer
                          Roboterkomponenten.
                          Dissertation. Universität Stuttgart
                          1991

/ 5/   Sensor-PC Bedienungsanleitung.
                          Siemens Erlangen 1989

/ 6/ Duelen, G.   Automatische Bewegungssynthese für
       Kirchhoff, U.   bahnbezogen kooperierende Roboter.
       Held, J.   Robotersysteme 3 (1987), S. 107-113
       Münch, H.

/ 7/   Fortschritt im Detail. Abschluß
                          des Verbundprojekts "Fortschrittli-
                          che Robotersteuerungen".
                          Roboter 2 (1991), S. 18-21

/ 8/ Rojek, P.   Bahnführung eines Roboters mit
                          Multiprozessorsystem.
                          Braunschweig: Vieweg 1989

| /9/ Olomski, J. | Bahnplanung und Bahnführung von Industrierobotern. Braunschweig: Vieweg 1989 |

| /10/ Chochoiek, R. | Kontrollierter Aufstieg zum 68040. Design & Elektronik 25 (1990), S. 76-80 |

| /11/ | Robotersteuerung Bosch rho 2. Erbach: Robert Bosch GmbH 1986 |

| /12/ | Sirotec RCM 2 und RCM 3. Bedienungsanleitung. Nürnberg: Siemens AG 1989 |

| /13/ | Sirotec RCM 2 und RCM 3. Programmieranleitung. Nürnberg: Siemens AG 1987 |

| /14/ | AEG robot control 500-V2. Bedien- und Programmieranleitung. AEG |

| /15/ Pritschow, G.
Angerbauer, R.
Bauder, M.
Frager, O.
Wieland, E. | Steuerung bestimmt die Leistungsfähigkeit von Robotern. Technische Rundschau 49. 82. Jahrgang (1990), S. 92-99 |

| /16/ Drews, P.
Zunker, L. | Echtzeit-Bahnplanung eines Roboters unter Sensoreinsatz. Robotersysteme 5 (1989), S. 213-218 |

| /17/ | VMEbus Specification Manual Revision C.1. Motorola 1985 |

/18/ Pritschow, G. Elektrische Direktantriebe für
     Philipp, W.   Robotergrundachsen.
                    Robotersysteme 6 (1990), S. 89-98

/19/ Wurst, K.H.   Modulare Roboterkomponenten für den
                    flexiblen Einsatz in Montage-
                    systemen.
                    In: Die Montage im flexiblen
                    Produktionsbetrieb, Umdruck zum
                    Kolloquium des SFB 158, Stuttgart,
                    November 1989

/20/   VDI 2863: IRDATA - Programmierung
                    numerisch gesteuerter Handhabungs-
                    einrichtungen - Allgemeiner Aufbau,
                    Satztypen und Datenübertragung.
                    Düsseldorf: VDI-Verlag 1987

/21/   Sirotec RCM 3 / RCM 3S. Kurzbe-
                    schreibung.
                    Nürnberg: Siemens AG

/22/   Robotersteuerung Bosch rho 2. Tech-
                    nische Information.
                    Erbach: Robert Bosch GmbH 1984

/23/   Roboter-Bahnsteuerung MPR 5000.
                    Prospekt.
                    Hamburg: Harms & Wende GmbH & Co. KG

/24/ Gulbins, J.   UNIX Version 7, System III und
                    System V.
                    Springer-Verlag: Berlin, Heidelberg,
                    New York, Tokyo 1985

/25/ Justice, B.   Unix und Echtzeit auf dem VMEbus.
     Chochoiek, R. Design & Elektronik 7 (1991),
                    S. 27-34

/26/ Cenzato, M.　　　A System Architecture for Robotic
　　　Clemente, G.　　Applications. 16 th IFAC/IFIP
　　　Congiu, S.　　　Workshop on Real-time Programming.
　　　Moro, M.　　　　Berlin 1989

/27/ Nieratschker, K.　Vom Echtzeitkern zum kompletten
　　　　　　　　　　　Betriebssystem.
　　　　　　　　　　　Design & Elektronik 26 (1989),
　　　　　　　　　　　S. 44-47

/28/ Jöhnk, M.　　　　VxWORKS aus der Sicht des Anwenders.
　　　　　　　　　　　Design & Elektronik 7 (1991),
　　　　　　　　　　　S. 42-46

/29/ Walker, B.　　　 Konfigurierbarer Funktionsblock
　　　　　　　　　　　Geometriedatenverarbeitung für nume-
　　　　　　　　　　　rische Steuerungen.
　　　　　　　　　　　Berlin, Heidelberg, New York, Tokyo:
　　　　　　　　　　　Springer-Verlag 1987

/30/　　　　　　　　　DIN 66264
　　　　　　　　　　　Mehrprozessorsteuersystem für
　　　　　　　　　　　Arbeitsmaschinen (MPST).
　　　　　　　　　　　Teil 1: Parallelbus
　　　　　　　　　　　Teil 2: Regeln zum Informationsaus-
　　　　　　　　　　　tausch (Entwurf)
　　　　　　　　　　　Berlin, Köln: Beuth-Vertrieb 1985

/31/ Pritschow, G.　　Programmierung von roboterbestückten
　　　Frager, O.　　　Produktionsanlagen.
　　　Schumacher, H.　Robotersysteme 5 (1989), S. 47-56
　　　Wieland, E.

/32/ Pritschow, G.　　Programmierung von Roboterzellen.
　　　Frager, O.　　　In: Maschinennahe Steuerungstechnik
　　　　　　　　　　　in der Fertigung. München, Wien:
　　　　　　　　　　　Hanser Verlag (in Vorbereitung)

/33/ Jacobson, E. Einführung in die Prozeßdatenverarbeitung.
München, Wien: Hanser Verlag 1980

/34/ Schaufelberger, W. Echtzeitprogrammierung bei Automatisierungssystemen.
Sprecher, P.
Wegmann, P. ⁻ Stuttgart: Teubner 1985

/35/ Dijkstra, E.W. Co-operating sequential processes.
In: Programming Languages (Hrsg. Genuys, F.) London 1968.

/36/ Craig, J.J. Introduction to robotics: mechanics and control.
New York: Addison Wesley 1989

/37/ Paul, R.P. Robot Manipulators: Mathematics, Programming and Control.
MIT Press 1981

/38/ Denavit, J. A Kinematic Notation for Lower-Pair Mechanisms Based on Matrices.
Hartenberg, R.S.
ASME J. Appl. Mech. 22 (1955), S. 215-221

/39/ Pieper, D.L. The kinematics of manipulators under computer control.
Ph. d. Stanford University, 1968

/40/ Heiß, H. Die explizite Lösung der kinematischen Gleichung für eine Klasse von Industrierobotern.
Dissertation, TU Berlin, 1985

/41/ Lloyd, J. Kinematics of common industrial robots.
Hayward, V.
Robotics 4 (1988), S. 169-191

/42/ Mehner, F. Automatische Generierung von Rücktransformationen für nichtredundante Roboter.
Robotersysteme 6 (1990), S. 81-88

/43/ Keppeler, M. Führungsgrößenerzeugung für numerisch bahngesteuerte Industrieroboter.
Berlin, Heidelberg, New York, Tokyo: Springer-Verlag 1984

/44/ Ortega, J.M.
Rheinboldt, W.C.
Iterative Solution of Nonlinear Equations in Several Variables.
New York, San Francisco, London: Academic Press 1970

/45/ Stoer, J. Einführung in die Numerische Mathematik I.
Berlin, Heidelberg, New York: Springer-Verlag 1976

/46/ Klein, Ch.A.
Huang, Ch.-H.
Review of Pseudinverse Control for Use with Kinematically Redundant Manipulators.
IEEE Transactions on System, Man, and Cybernetics, Vol. SMC-13, No.3, 1983

/47/ Klema, V.C.
Laub, A.J.
The Singular Value Decomposition: Its Computation and Some Applications.
IEEE Transactions on Automatic Control, Vol. AC-25, No.2, 1980

/48/ Pritschow, G.
Koch, T.
Koordinierte Bahnführung zweier Roboter.
Robotersysteme, eingereicht

/49/ Milenkovic, V. Kinematics of major robot linkage.
     Huang, B.   Proc. of the 13th International
                     Symposion on Industrial Robot
                     16/31 - 16/47 1983

/50/ Reddig, M.   Iterative Methoden der Koordinaten-
     Stelzer, J.   transformation am Beispiel eines
                     6-Achsen-Gelenkroboters mit Winkel-
                     hand.
                     Robotersysteme 2 (1986), S. 138-142

/51/ Meier, C.   Koordinatentransformationen für
     Stelzer, J.   Bahnsteuerung und schnelle Sensor-
                     signalverarbeitung bei Industrie-
                     robotersteuerungen.
                     Siemens Forsch.-u. Entwickl. Ber. 14
                     (1985) Nr. 5, S. 224-229

/52/ Schmidt, U.   Architektur eines Koordinatentrans-
                     formators für sechsachsige In-
                     dustrieroboter. Heidelberg: Hüthig
                     1988

/53/ Eppinger, M.   Systematischer Vergleich von Ver-
     Kreuzer, E.   fahren zur Rückwärtstransformation
                     bei Industrierobotern.
                     Robotersysteme 5 (1987), S. 219-228

/54/ Payannet, D.   Identification and Compensation of
     Aldon, M.J.   Mechanical Errors for Industrial
     Liegeois, A.   Robots.
                     Proc. of the 15th ISIR, S. 857-864

/55/ Hiller, M.
Woernle, C.

Ein systematisches Verfahren zur numerischen Behandlung der Rückwärtstransformation bei Industrierobotern.
In: VDI-Bericht Nr. 598, Düsseldorf: VDI-Verlag 1986, S. 147-161

/56/ Woernle, C.

Ein systematisches Verfahren zur Aufstellung der geometrischen Schließbedingungen in kinematischen Schleifen mit Anwendung bei der Rückwärtstransformation für Industrieroboter.
Fortschrittberichte VDI Reihe 18 Nr. 59. Düsseldorf: VDI-Verlag 1988

/57/ Pritschow, G.
Koch, T.
Bauder, M.

Automatisierte Erstellung von Rückwärtstransformationen für Industrieroboter unter Anwendung eines optimierten iterativen Lösungsverfahrens.
Robotersysteme 5 (1989), S. 3-8

/58/ Bauder, M.
Schumacher, H.

Allgemeine Lösung der Koordinatentransformation für Industrieroboter.
HGF-Kurzberichte 87/6, Industrieanzeiger 109 (1987), S. 27-28

/59/ Pritschow, G.
Angerbauer, R.
Bauder, M.

RDL - Eine Sprache zur Modellierung von Robotern.
Robotersysteme 7 (1991), erscheint demnächst

/60/ Wirth, N.

Compilerbau.
Stuttgart: Teubner 1977

/61/ Pritschow, G. Steuerungsstruktur und Programmier-
Bauder, M. konzept zur On-line-Bewegungskoordi-
nierung zweier Roboter in einer
flexiblen Fertigungszelle.
Robotersysteme 6 (1990), S. 211-217

ISW Forschung und Praxis

Berichte aus dem Institut für Steuerungstechnik der Werkzeugmaschinen und Fertigungseinrichtungen der Universität Stuttgart

Herausgegeben bis Band 57 von Prof. Dr.-Ing. G. Stute †
ab Band 58 Prof. Dr.-Ing. G. Pritschow

1   D. Schmid, Numerische Bahnsteuerung, 89 S., 1973
2   H. Schwegler, Fräsbearbeitung gekrümmter Flächen, 111 S., 1972
3   J. Eisinger, Numerisch gesteuerte Mehrachsenfräsmaschinen, 90 S., 1972
4   R. Nann, Rechnersteuerung von Fertigungseinrichtungen, 125 S., 1972
5   G. Augsten, Zweiachsige Nachformeinrichtungen, 140 S., 1972
6   B. Karl, Die Automatisierung der Fertigungsvorbereitung durch NC-Programmierung, 121 S., 1972
7   H. Eitel, NC-Programmiersystem, 117 S., 1973
8   E. Knorr, Numerische Bahnsteuerung zur Erzeugung von Raumkurven auf rotationssymetrischen Körpern, 131 S., 1973
9   S. Bumiller, Viskohydraulischer Vorschubantrieb, 123 S., 1974
10 K. Maier, Grenzregelung an Werkzeugmaschinen, 139 S., 1974
11 J. Waelkens, NC-Programmierung, 159 S., 1974
12 E. Bauer, Rechnerdirektsteuerung von Fertigungseinrichtungen, 138 S., 1975
13 H. König, Entwurf und Strukturtheorie von Steuerungen für Fertigungseinrichtungen, 206 S., 1976
14 H. Damsohn, Fünfachsiges NC-Fräsen, 143 S., 1976
15 H. Jetter, Programmierbare Steuerungen, 141 S., 1976
16 H. Henning, Fünfachsiges NC-Fräsen gekrümmter Flächen, 179 S., 1976
17 K. Boelke, Analyse und Beurteilung von Lagesteuerungen für numerisch gesteuerte Werkzeugmaschinen, 106 S., 1977
18 F.-R. Götz, Regelsystem mit Modellrückkopplung für variable Streckenverstärkung, 116 S., 1977
19 H. Tränkle, Auswirkungen der Fehler in den Positionen der Maschinenachsen beim fünfachsigen Fräsen, 103 S., 1977
20 P. Stof, Untersuchungen über die Reduzierung dynamischer Bahnabweichungen bei numerisch gesteuerten Werkzeugmaschinen, 118 S., 1978
21 R. Wilhelm, Planung und Auslegung des Materialflusses flexibler Fertigungssysteme, 158 S., 1978
22 N. Kappen, Entwicklung und Einsatz einer direkten digitalen Grenzregelung für eine Fräsmaschine mit CNC, 123 S., 1979
23 H. G. Klug, Integration automatisierter technischer Betriebsbereiche, 124 S., 1978
24 D. Binder, Interpolation in numerischen Bahnsteuerungen, 132 S., 1979

25 O. Klingler, Steuerung spanender Werkzeugmaschinen mit Hilfe von Grenzregeleinrichtungen (ACC), 124 S., 1979

26 L. Schenke, Auslegung einer technologisch-geometrischen Grenzregelung für die Fräsbearbeitung, 113 S., 1979

27 H. Wörn, Numerische Steuersysteme-Aufbau und Schnittstellen eines Mehrprozessorsteuersystems, 141 S., 1979

28 P. B. Osofisan, Verbesserung des Datenflusses beim fünfachsigen NC-Fräsen, 104 S., 1979

29 J. Berner, Verknüpfung fertigungstechnischer NC-Programmiersysteme, 101 S., 1979

30 K.-H. Böbel, Rechnerunterstützte Auslegung von Vorschubantrieben, 113 S., 1979

31 W. Dreher, NC-gerechte Beschreibung von Werkstücken in fertigungstechnisch orientierten Programmiersystemen, 105 S., 1980

32 R. Schurr, Rechnerunterstützte Projektsteuerung hydrostatischer Anlagen, 115 S., 1981

33 W. Sielaff, Fünfachsiges NC-Umfangfräsen verwundener Regelflächen. Beitrag zur Technologie und Teileprogrammierung, 97 S., 1981

34 J. Hesselbach, Digitale Lageregelung an numerisch gesteuerten Fertigungseinrichtungen, 111 S., 1981

35 P. Fischer, Rechnerunterstützte Erstellung von Schaltplänen am Beispiel der automatischen Hydraulikplanzeichnung, 111 S., 1981

36 U. Ackermann, Rechnerunterstützte Auswahl elektrischer Antriebe für spanende Werkzeugmaschinen, 118 S., 1981

37 W. Döttling, Flexible Fertigungssysteme – Steuerung und Überwachung des Fertigungsablaufs, 105 S., 1981

38 J. Firnau, Flexible Fertigungssysteme – Entwicklung und Erprobung eines zentralen Steuersystems, 112 S., 1982

39 A. Herrscher, Flexible Fertigungssysteme – Entwurf und Realisierung prozeßnaher Steuerungsfunktionen, 103 S., 1982

40 U. Spieth, Numerische Steuersysteme – Hardwareaufbau und Ablaufsteuerung eines Mehrprozessorsteuersystems, 115 S., 1982

41 A. Schimmele, Rechnerunterstützter Entwurf von Funktionssteuerungen für Fertigungseinrichtungen, 106 S., 1982

42 M. Sanzenbacher, NC-gerechte Beschreibung von Werkstücken mit gekrümmten Flächen, 105 S., 1982

43 W. Walter, Interaktive NC-Programmierung von Werkstücken mit gekrümmten Flächen, 112 S., 1982

44 J. Huan, Bahnregelung zur Bahnerzeugung an numerisch gesteuerten Werkzeugmaschinen, 95 S., 1982

45 H. Erne, Taktile Sensorführung für Handhabungseinrichtungen – Systematik und Auslegung der Steuerungen, 111 S., 1982

46 D. Plasch, Numerische Steuersysteme – Standardisierte Softwareschnittstellen in Mehrprozessor-Steuersystemen, 112 S., 1983

47 Z. L. Wang, NC-Programmierung – Maschinennaher Einsatz von fertigungstechnisch orientierten Programmiersystemen, 103 S., 1983

48 J. Schwager, Diagnose steuerungsexterner Fehler an Fertigungseinrichtungen, 121 S., 1983

49 P. Klemm, Strukturierung von flexiblen Bediensystemen für numerische Steuerungen, 113 S., 1984

50 W. Runge, Simulation des dynamischen Verhaltens elektrohydraulischer Schaltungen – Einsatz von geräteorientierten, universellen Simulationsbausteinen, 132 S., 1984

51 H. Steinhilber, Planung und Realisierung von Werkzeugversorgungssystemen für die NC-Bearbeitung, 126 S., 1984

52 R. Ohnheiser, Integrierte Erstellung numerischer Steuerdaten für flexible Fertigungssysteme, 115 S., 1984

53 M. Keppeler, Führungsgrößenerzeugung für numerisch bahngesteuerte Industrieroboter, 125 S., 1984

54 P. Kohler, Automatisiertes Messen mit NC-Werkzeugmaschinen, 129 S., 1985

55 K.-H. Rieger, Rechnerunterstützte Projektierung der Hardware und Software von Speicherprogrammierten Steuerungen, 123 S., 1985

56 G. Vogt, Digitale Regelung von Asynchronmotoren für numerisch gesteuerte Fertigungseinrichtungen, 126 S., 1985

57 S. Chmielnicki, Flexible Fertigungssysteme – Simulation der Prozesse als Hilfsmittel zur Planung und zum Test von Steuerprogrammen, 120 S., 1985

58 W. Renn, Struktur und Aufbau prozeßnaher Steuergeräte zur Verkettung in flexiblen Fertigungssystemen, 137 S., 1986

59 K. Harig, Quantisierung im Lageregelkreis numerisch gesteuerter Fertigungseinrichtungen, 113 S., 1986

60 H. Frank, Programmier- und Überwachungsfunktionen für teileartbezogene NC-Werkzeugmaschinen, 115 S., 1986

61 H. Möller, Integrierte Überwachungs- und Diagnose-Systeme für numerische Steuerungen, 131 S., 1986

62 H. Fink, Einsatz speicherprogrammierbarer Steuerungen in der Fertigungstechnik, 126 S., 1986

63 J. Fleckenstein, Zustandsgraphen für SPS – Grafikunterstützte Programmierung und steuerungsunabhängige Darstellung, 139 S., 1987

64 E. Wagner, Steuerungen von Koordinatenmeßgeräten mit schaltenden und messenden Tastsystemen, 133 S., 1987

65 W. Grimm, Diagnosesystem für steuerungsperiphere Fehler an Fertigungseinrichtungen, 143 S., 1987

66 W. Swoboda, Digitale Lageregelung für Maschinen mit schwach gedämpften schwingungsfähigen Bewegungsachsen, 141 S., 1987

67 G. Gruhler, Sensorgeführte Programmierung bahngesteuerter Industrieroboter, 119 S., 1987

68 B. Walker, Konfigurierbarer Funktionsblock Geometriedatenverarbeitung für numerische Steuerungen, 125 S., 1987

69 J. Mayer, Werkzeugorganisation für flexible Fertigungszellen und -systeme, 126 S., 1988

70 R. Lederer, Programmierung von NC-Drehmaschinen mit mehreren Werkzeugschlitten, 120 S., 1988

71 G. Häberle, NC-Musterprogrammierung für die rechnerintegrierte Textilfertigung, 127 S., 1988

72 D. Pfeiffer, Kompensation thermisch bedingter Bearbeitungsfehler durch prozeßnahe Qualitätsregelung, 135 S., 1988

73 W. Schmidt, Grafikunterstütztes Simulationssystem für komplexe Bearbeitungsvorgänge in numerischen Steuerungen, 141 S., 1988

74 M. Egner, Hochdynamische Lageregelung mit elektrohydraulischen Antrieben, 147 S., 1988

75 W. Schittenhelm, Konfigurierbares Bedienungssystem für Steuerungen an Fertigungseinrichtungen, 136 S., 1988

76 D. Scheifele, Grafisch dynamische Simulation des Bearbeitungsvorgangs für Doppelschlittendrehmaschinen, 121 S., 1988

77 G. Keuper, Automatisierte Identifikation der Streckenparameter servohydraulischer Vorschubantriebe, 152 S., 1989

78 K.-H. Kayser, Kollisionserkennung in numerischen Steuerungen mit der Distanzfeldmethode, 131 S., 1989

79 R. Viefhaus, Fräsergeometriekorrektur in Numerischen Steuerungen, 157 S., 1989

80 J. Zirbs, Fertigungsgerechte Aufbereitung von Flächenverbänden bei der NC-Programmierung im Formenbau, 130 S., 1989

81 W. Ruoff, Optische Sensorsysteme zur On-line-Führung von Industrierobotern, 123 S., 1989

82 M. Jantzer, Bahnverhalten und Regelung fahrerloser Transportsysteme ohne Spurbindung, 131 S., 1990

83 H. Schumacher, Einheitliche Programmierung von Automatisierungskomponenten roboterbestückter Bearbeitungs- und Montagezellen, 116 S., 1991

84 J. Schimonyi, NC-Programmierung für das Werkzeugschleifen, 122 S., 1991

85 K.-H. Wurst, Flexible Robotersysteme – Konzeption und Realisierung modularer Roboterkomponenten, 164 S., 1991

86 R. Hagl, Erhöhung der Verfügbarkeit von Vorschubantrieben mit selbstanpassender Lageregelung, 126 S., 1991

87 G. Krebser, Betriebssystem für NC mit einheitlichen Schnittstellen, 130 S., 1992

88 W.-T. Lei, Flächenorientierte Steuerdatenaufbereitung für das fünfachsige Fräsen, 134 S., 1992

89 G. Diehl, Steuerungsperipheres Diagnosesystem für Fertigungseinrichtungen auf Basis überwachungsgerechter Komponenten, 140 S., 1992

90 U. Nepustil, Offene NC-Schnittstellen zur Korrektur von Fertigungsfehlern, 133 S., 1992

91 M. Bauder, Konfigurierbare Robotersteuerung mit allgemeiner Transformation, 120 S. 1992

Die Bände ISW 1 bis ISW 76 sind vergriffen.
Die Bände sind im Erscheinungsjahr und in den folgenden drei Kalenderjahren zu beziehen durch den örtlichen Buchhandel oder durch Lange & Springer, Otto-Suhr-Allee 26-28, 1000 Berlin 10.

MIX
Papier aus verantwortungsvollen Quellen
Paper from responsible sources
FSC® C105338

If you have any concerns about our products,
you can contact us on
ProductSafety@springernature.com

In case Publisher is established outside the EU,
the EU authorized representative is:
**Springer Nature Customer Service Center GmbH
Europaplatz 3, 69115 Heidelberg, Germany**

Printed by Libri Plureos GmbH
in Hamburg, Germany